国家林业和草原局普通高等教育“十三五”规划教材

遗传学实验教程

张金凤　赵　健　主编

中国林業出版社

图书在版编目(CIP)数据

遗传学实验教程／张金凤，赵健主编．—北京：中国林业出版社，2023.11
国家林业和草原局普通高等教育“十三五”规划教材
ISBN 978-7-5219-2446-6

Ⅰ．①遗… Ⅱ．①张… ②赵… Ⅲ．①遗传学-实验-高等学校-教材
Ⅳ．①Q3-33

中国国家版本馆CIP数据核字(2023)第225328号

策划、责任编辑：肖基浒
责任校对：苏　梅
封面设计：睿思视界视觉设计

出版发行　中国林业出版社
　　　　　(100009，北京市西城区刘海胡同7号，电话83223120)
电子邮箱　cfphzbs@163.com
网　　址　https://www.cfph.net
印　　刷　北京中科印刷有限公司
版　　次　2023年11月第1版
印　　次　2023年11月第1次印刷
开　　本　787mm×1092mm　1/16
印　　张　9
字　　数　225千字
定　　价　28.00元

《遗传学实验教程》编写人员

主　　编：张金凤　赵　健

副 主 编：范英明

编写人员（按姓氏拼音排序）：

杜庆章　范英明　李　云　庞晓明

孙宇涵　张金凤　赵　健

前　言

《遗传学实验教程》是配合《遗传学》理论课而开设的实验课用书，于 2002 年作为北京林业大学校内试用教材第一次印刷，2005 年进行修订第二次印刷，2009 年修订后第三次印刷。此次正式出版的《遗传学实验教程》就是以校内教材为基础做了补充完善，并被列入了国家林业和草原局普通高等教育“十三五”规划教材。

主编张金凤教授将其从事“遗传学实验”教学二十多年的经验结合在英国、美国访学期间国外大学培养学生创新意识和综合能力的教学理念和教学方法，精心编写而成此书。李云、孙宇涵、庞晓明、杜庆章等教师补充了部分实验内容，又加上赵健老师和范英明老师多年的“遗传学实验”教学经验最终成稿。编写的本教材目的是进一步提高“遗传学实验”教学水平，培养基础扎实、动手能力强、具有创新意识的高素质人才。

本书的一个特点是整合性，将校内试用教材中彼此孤立的实验整合在一起：经典遗传、细胞遗传、分子遗传、群体遗传及最后的综合设计实验，除了每个实验有思考题外，每部分还附有综合作业题，突出了重点，便于学生学习掌握。另一特点是综合设计性，新增了模拟现实科研及社会环境，以学生主动学习为主的综合设计性实验，培养学生的综合能力和创新意识。本书可用于 80 学时以下的遗传学实验课教学，具体教学时可根据学时需要选取相应实验内容。适用对象为生物科学类、林学类专业的本科生，也可供与“遗传学实验”有关的研究生、教师和科技人员参考。

由于编者水平有限，遗传学知识发展很快，难免存在疏漏之处，恳请广大同学和其他使用者对书中的不当之处批评指正。

编　者

2023. 6

目　录

第三篇 分子遗传基础实验

第四篇 群体遗传实验

第五篇 综合设计实验

第一篇　经典遗传实验

实验一　果蝇的观察

一、实验目的

掌握鉴别雌雄果蝇成虫的方法，了解果蝇的生活史，认识不同类型果蝇突变体的表型特征。

二、实验原理

果蝇(*Drosophila melanogaster*)的分布是全球性的，属于节肢动物门、昆虫纲、双翅目、果蝇属，遗传实验中常用的黑腹果蝇是其中的一个种。

早在 1905 年，摩尔根就开始以果蝇为实验材料进行遗传学的研究。果蝇作为遗传学研究的材料，具有非常突出的优点，它们体形小，易饲养，生活史短，繁殖能力强，利用果蝇进行的各种遗传实验易进行重复且便于统计和分析。另外，果蝇还具有染色体数目少，幼虫唾腺染色体巨大，群体中突变性状多等特点。摩尔根利用果蝇进行杂交试验，继孟德尔之后，揭示了连锁互换、伴性遗传的规律。1916 年，摩尔根的学生 Bridges 进行了果蝇 X 染色体不分离实验，并取得圆满结果。摩尔根等人的这些研究工作为染色体遗传理论以及整个细胞遗传学的最终建立做出了贡献。除经典遗传学方面，其他领域如分子遗传、毒理遗传、进化遗传等方面，果蝇作为实验材料也做出了非常大的贡献。

果蝇为完全变态的昆虫，整个生活史包括卵、幼虫、蛹和成虫 4 个发育阶段(图 1-1)。

果蝇的最适培养温度为 20~25 ℃，在 25 ℃条件下，从卵发育到成虫只需 10 d 左右的时间。果蝇生活周期的长短与温度关系密切，有温度降低，生活周期延长的趋势(表 1-1)，而高温(30 ℃以上)会引起果蝇的不育与死亡。羽化后的成虫寿命一般在 4 周左右，羽化 12 h 后的雌蝇即可进行交配，2 d 后开始产卵。每只受精的雌蝇可产卵 400~600 粒，平均每天产卵 15~20 粒。

表 1-1　果蝇生长周期与温度关系

生长阶段	温度(℃)			
	10	15	20	25
卵→三龄幼虫(d)	—	—	8	5
三龄幼虫→成虫(d)	57	18	6.3	4.2

果蝇的卵为白色，长椭圆形，长约 0.5 mm，在其背面前端为两条触丝，卵经孵化成为一龄幼虫，一龄幼虫要经过两次蜕皮，第二次蜕皮后为三龄幼虫，长可达 4.5 mm，幼虫均为白色。三龄幼虫进一步化成蛹，蛹紧贴于培养瓶壁或培养基表面等较干燥处，最初为淡黄色，后逐渐硬化，且颜色逐渐加深，将要羽化的蛹呈深褐色。羽化后破壳而出的为

成虫，成虫分头、胸、腹三部分，头部有 1 对大的复眼、3 个单眼和 1 对触角；胸部有 3 对足、1 对长于腹部末端的翅和 1 对平衡棒；腹部背面有黑条纹，腹面有腹片，外生殖器在腹部末端；全身还有许多体毛和刚毛(粗大的体毛)。

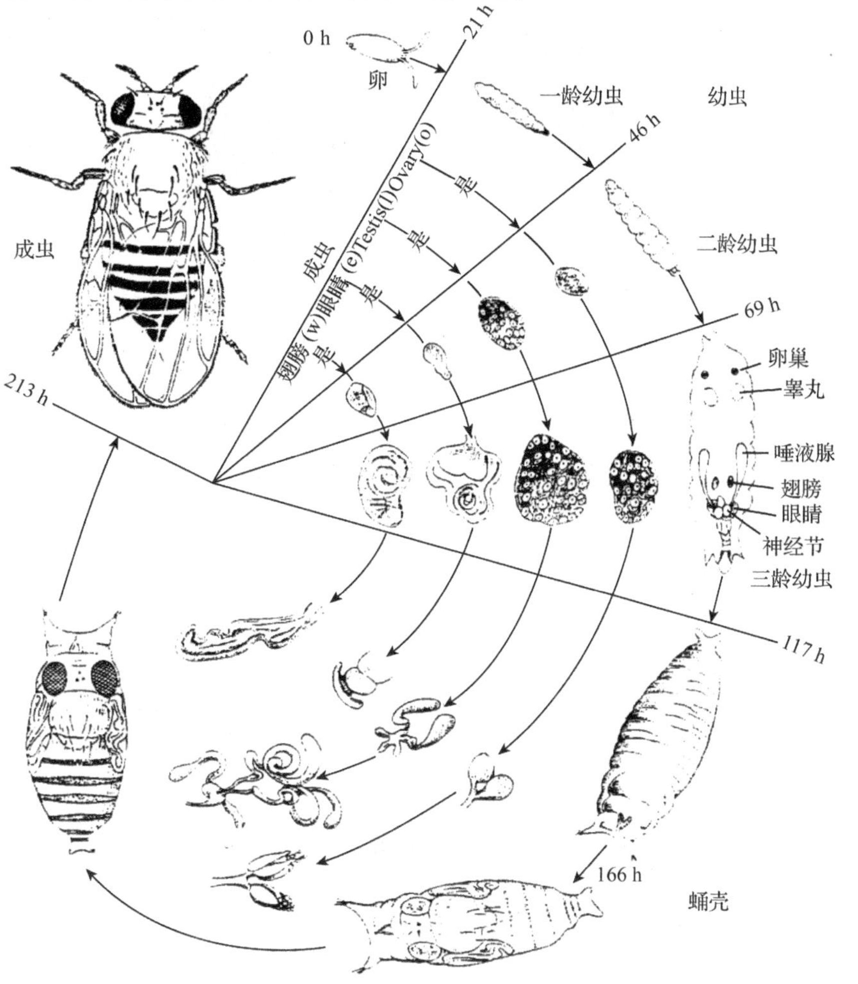

图 1-1　果蝇的生活史

利用果蝇做杂交实验，必须准确地识别其性别。

雌雄果蝇的主要特征见表 1-2 及如图 1-2~图 1-4 所示。

表 1-2　果蝇的雌雄性别特征

雄性果蝇	雌性果蝇
1. 个体较小	1. 个体较大
2. 腹部较小，且腹部末端较圆钝	2. 腹部较大，且腹部末端较尖
3. 腹部背面有 3 条黑条纹，最后一条极宽并延续至腹部腹面	3. 腹部背面有 5 条黑条纹
4. 外生殖器较复杂，有生殖弧、肛上板、阴茎等结构	4. 外生殖器比较简单，有阴道板和肛上板等结构
5. 腹部腹面有 4 个腹片	5. 腹部腹面有 6 个腹片
6. 前肢跗节上有性梳	6. 前肢跗节上无性梳

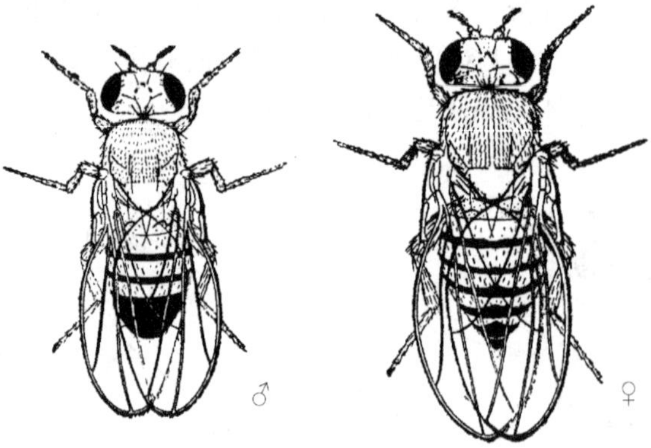

图 1-2 雄雌果蝇成虫的背面

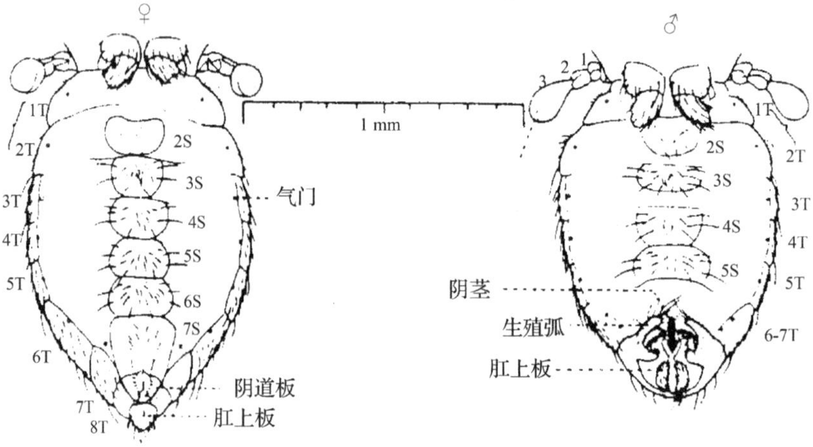

图 1-3 雌蝇果蝇的腹部腹面观

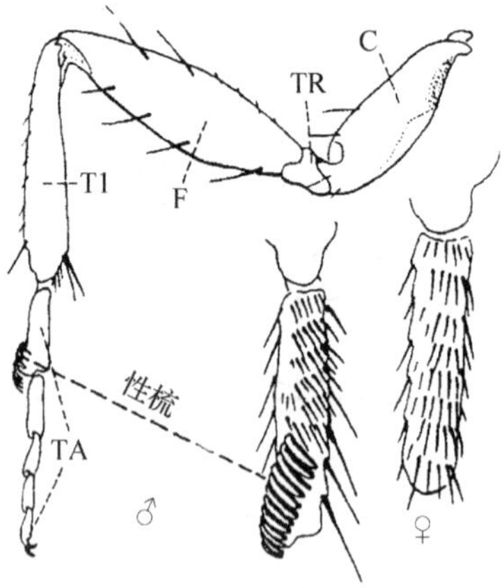

图 1-4 雄果蝇的前足(有性梳)

果蝇在自然或人工诱导条件下，可能会发生各种突变，已知的突变品系有几百种，常用于实验的突变品系见表 1-3。

表 1-3　常用果蝇突变品系

突变性状态	基因符号	染色体定位	性状特征
白眼(white)	*w*	1	复眼白色(野生型复眼呈红色)
黑檀体(ebony)	*e*	3	身体呈乌木色，黑亮
黑体(black)	*b*	2	体黑色，比黑檀体深
黄体(yellow)	*y*	1	全身呈浅橙黄色
残翅(vestigial)	*vg*	2	翅明显退化，只残留一部分痕迹，不能飞
小翅(miniature)	*m*	1	翅比野生型的短，与腹部末端几乎等长
卷刚毛(singed)	sn^3	1	刚毛呈卷曲状
棒眼(bar)	*B*	1	复眼呈狭窄垂直棒形，小眼数少
褐眼(brown)	*bw*	2	眼呈褐色
卷曲翅(curly)	*Cy*	2	翅膀向上卷曲，纯合致死
叉毛(forked)	*f*	1	体毛和刚毛分叉且卷曲
猩红眼(scarlet)	*st*	3	复眼呈明亮猩红色

三、实验用品

1. 实验材料

各品系果蝇，雌、雄果蝇装片。

2. 实验器具

麻醉瓶(可用瓶盖内塞有棉团的 250 mL 广口瓶作为简易麻醉瓶)、毛笔、白塑料板(或白瓷板)、手持放大镜。

3. 实验药品

乙醚。

四、方法步骤

1. 果蝇生活史的观察

用放大镜观察培养瓶内不同生活史时期果蝇(卵、幼虫、蛹、成虫)的形成、特征。

2. 果蝇成虫外形的观察和性别鉴定

(1)取蝇

将培养瓶(在下)与麻醉瓶(在上，且对准光源)对口相接，利用昆虫的趋光性，使果蝇进入麻醉瓶中。若进入困难(麻醉瓶内若已有乙醚气味，则果蝇不易进入麻醉瓶)，可用强制方法：培养瓶置上方，麻醉瓶在下，对口相接，用手轻轻拍打培养瓶，使果蝇落入麻醉瓶中，麻醉瓶中进入足够量的果蝇后，将培养瓶和麻醉瓶瓶口分开，迅速盖好各自的瓶盖。

(2)麻醉

轻震麻醉瓶，使果蝇离开瓶口，取下瓶盖，捂住瓶口，防止果蝇飞出。滴加2~3滴乙醚于瓶盖内的棉团上，盖上瓶盖，进行麻醉。若是用来做杂交实验，则一定要注意麻醉程度，果蝇静止不动后应立即取出，否则麻醉过度导致果蝇死亡。果蝇死亡的标志特征是：翅膀向后外展开呈45°。

(3)观察

将麻醉的果蝇倒在白塑料板上，用放大镜观察其外形，并对雌雄性别进行鉴定。

3. 果蝇突变类型的观察

观察实验室培养的几种突变类型，将观察的结果填入表1-4。

表1-4 实验结果记录

特征	类型							
	野生型(+)	黑檀体(*e*)	残翅(*vg*)	白眼(*w*)	小翅(*m*)	卷刚毛(sn^3)	黄体(*y*)	棒眼(*B*)
体色								
眼色								
翅形								
眼形								
刚毛形态								

五、思考题

1. 果蝇的哪些特点使其成为经典的遗传学实验材料？
2. 通过对果蝇雌雄个体的观察鉴别，你认为哪几个特征在鉴别中是非常关键的？
3. 如何处理才能防止果蝇的遗传混杂？

实验二　孟德尔遗传定律的验证

一、实验目的

通过观察具一对相对性状差异的亲本杂交，其 F_2 代表现的分离现象，验证分离定律的存在；通过观察具二对相对性状差异的亲本杂交，其 F_2 代表现的分离现象，验证自由组合定律的存在。

二、实验原理

1858 年，孟德尔(Gregor Johann Mendel)以豌豆为主要材料，并辅以菜豆、石竹等材料进行杂交实验，于 1865 年提出遗传的分离定律(law of segregation)和自由组合定律(law of independent assortment)。

孟德尔分离定律认为：具一对相对性状差异的亲本杂交(单因子杂交)，F_1 代为一对基因的杂合体，它们表现显性性状。杂合体中来自父本雄性生殖细胞和母本雌性生殖细胞的等位基因相互独立，在形成配子过程中，它们相互分离，分别进入不同的配子中，从而产生两种类型不同、数目相等的配子(不同配子的比例为 1∶1)。F_1 自交或互交时，由于雌雄配子的随机结合，F_2 代基因型比例为 1∶2∶1，在显性完全时，表型分离比例为 3∶1。

孟德尔自由组合定律认为：具两对或两对以上相对性状差异的亲本杂交(双因子或多因子杂交)，F_1 代形成多对基因的杂合体，它们表现多种显性性状，F_1 代杂合体形成配子的过程中，一对等位基因按分离定律的彼此分离与另一对(或几对)等位基因的彼此分离是相互独立的，即不同对的等位基因是以自由组合的方式进入配子的。这样两对基因的杂合体可产生 4 种类型不同、数目相等的配子(4 种类型的配子比例为 1∶1∶1∶1)。F_1 自交或互交时，由于精子、卵子的随机结合，F_2 代产生 9 种基因型，若显性完全则出现 4 种表现型，它们的比例为 9∶3∶3∶1。

孟德尔分离定律和自由组合定律的实验不仅可以被重复而且在选用多种动、植物材料进行的杂交实验中都可看到分离和自由组合定律的广泛存在。我们知道，单因子杂交的 F_2 代表现 3∶1 分离的关键是 F_1 代等位基因的分离，产生了 1∶1 两种配子；两对因子杂交的 F_2 代表现 9∶3∶3∶1 分离的关键是 F_1 代不同对的等位基因的自由组合产生了 1∶1∶1∶1 四种配子。那么，要证明分离定律和自由组合定律的正确，就必须证明一对基因杂合体的 F_1 代确实产生 1∶1 的配子；而两对基因杂合体的 F_1 代确实产生 1∶1∶1∶1 四种配子，即可达到目的。为此可利用测交法和 F_2 测验法来对这两个定律进行检验。另外，若研究的等位基因所控制的性状可以直接从配子(成熟花粉粒)表现上观察到，则可采用配子的直接观察法来证明分离定律的正确。

本实验选用果蝇和玉米为材料来验证孟德尔的分离定律和自由组合定律。

1. 果蝇的单、双因子杂交实验

选择一对性状差异的灰体果蝇(*EE*)和黑檀体果蝇(*ee*)杂交，*Ee* 为果蝇第 3 号染色体上的一对等位基因，*E* 对 *e* 完全显性。

F_2 代正、反交均为 3/4 灰体：1/4 黑檀体(表 2-1)。

正交　　　　　　　　　　　　反交

P　♀ *ee*（黑檀体）× ♂ *EE*（灰体）　　　♀ *EE*（灰体）× ♂ *ee*（黑檀体）

↓　　　　　　　　　　　　　　　　↓

F_1　*Ee*（F_1 代无论正、反交♀、♂均为灰体）*Ee*

F_2　*EE*　*Ee*　*ee*

表 2-1　一对等位基因 F_2 代杂交分离情况

F_1♀	F_1♂	
	1/2*E*	1/2*e*
1/2*E*	1/4*EE*(灰体)	1/4*Ee*(灰体)
1/2*e*	1/4*Ee*(灰体)	1/4*ee*(黑檀体)

若选用其他等位基因所控制的相对性状进行杂交，情况相同。例如，正常翅(*Vg*)和残翅(*vg*)是位于果蝇第 2 号染色体上的一对等位基因，*Vg* 对 *vg* 完全显性，当进行正常翅(*VgVg*)与残翅(*vgvg*)的正、反交时，F_1 均表现为正常翅，F_2 则表现正常翅与残翅的分离，比例为 3：1。

已知 *Ee* 和 *Vgvg* 为位于两对非同源染色体上的两对等位基因，现选用残翅、灰体与正常翅、黑檀体进行正、反交。F_1 均表现为正常翅、灰体，F_2 表型比例为 9：3：3：1(表 2-2)。

正交　　　　　　　　　　　　反交

P　♀ *vgvgEE* × ♂ *VgVgee*　　　♀ *VgVgee* × ♂ *vgvgEE*

（残翅、灰身）（正常翅、黑身）　　（正常翅、黑身）（残翅、灰身）

↓　　　　　　　　　　　　　　　　↓

F_1　*VgvgEe*（F_1代正、反交中♀、♂ 均为正常翅、灰身）*VgvgEe*

F_2　*VgVgEE*　*VgVgEe*　*VgVgee*　*VgvgEe*　*Vgvgee*　*vgvgEE*　*vgvgEe*　*vgvgee*（基因型分离情况）

表 2-2　两对等位基因 F_2 代杂交分离情况

F_1♂	F_1♀			
	1/4*VgE*	1/4*vgE*	1/4*Vge*	1/4*vge*
1/4*VgE*	9/16 正常翅、灰身；3/16 残翅、灰身；			
1/4*vgE*				
1/4*Vge*	3/16 正常翅、黑身；1/16 残翅、黑身			
1/4*vge*				

2. 玉米的单、双因子杂交实验

玉米籽粒胚乳的黄色和白色是由第 6 号染色体上的一对等位基因 *Y*-*y* 控制，*Y* 对 *y* 完全显性。以黄胚乳玉米和白胚乳玉米进行正、反交时，F_1 玉米籽粒(亲本植株果穗上的籽粒)均为黄色，F_2 玉米籽粒(F_1 植株果穗上的籽粒)有黄色和白色两种，它们比例为 3∶1。

玉米胚乳的非糯和糯是由第 9 号染色体上的一对等位基因 *Wx*-*wx* 控制，*Wx* 对 *wx* 完全显性。用非糯和糯玉米的正、反交同样可以验证孟德尔的分离定律。当同时选用位于非同源染色体上的两对等位基因控制的亲本(黄色非糯 *YYWxWx* 和白色糯性 *yywxwx*)进行正、反交时，F_1 代玉米籽粒均表现显性性状，为黄色非糯；F_2 代玉米籽粒，有 4 种表现型：黄色非糯、黄色糯性、白色非糯、白色糯性，表型比例为 9∶3∶3∶1。

3. 分离定律的直接证明——糯与非糯玉米杂交 F_1 代花粉粒观察

淀粉有糯性和非糯性之分，其非糯性是由淀粉的直链结构决定的，显性基因 *Wx* 控制直链淀粉的合成；糯性是由淀粉的支链结构决定的，隐性基因 *wx* 控制支链淀粉的合成。该对等位基因位于玉米的第 9 号染色体上，*Wx* 对 *wx* 显性。淀粉除大量贮存在玉米的籽粒中，在成熟花粉粒中也有大量存在。当选用非糯玉米(*WxWx*)和糯玉米(*wxwx*)杂交，其 F_1 代杂合体(*Wxwx*)产生配子时，按分离规律必定产生一种含有支链淀粉的花粉和另一种含有直链淀粉的花粉，它们的比例为 1∶1。为证明这一假设的正确，用碘和碘化钾溶液对花粉进行染色时，由于含有支链淀粉的花粉遇碘液被染成红褐色，含有直链淀粉的花粉遇碘液被染成蓝黑色，这样 F_1 代杂种的蓝黑色花粉和红褐色花粉即可呈现出 1∶1 的分离。由此通过肉眼可直接观察到 *Wx* 和 *wx* 基因的分离，从而得到等位基因在形成配子时必然分离的直接证据。

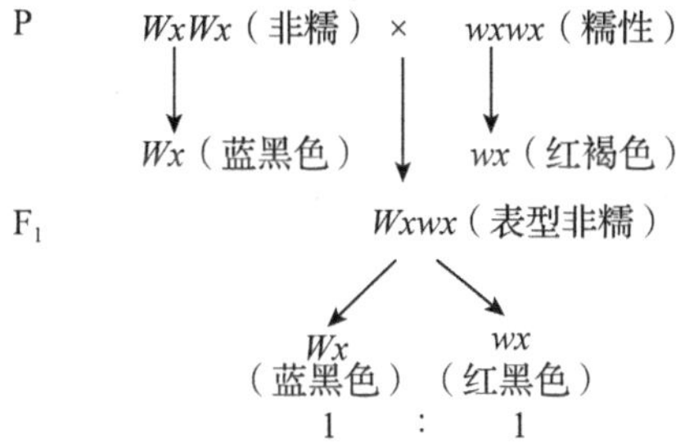

三、实验用品

1. 实验材料

黑腹果蝇的突变品系：正常翅黑檀体(*VgVgee*)、残翅灰体(*vgvgEE*)。

玉米品质：黄色非糯(*YYWxWx*)、白色糯性(*yywxwx*)。

3 种类型的成熟玉米雄穗：糯性品系、非糯品系、杂种 F_1 代。

2. 实验器具

实体解剖镜、手持放大镜、麻醉瓶、培养瓶(可用 250 mL 广口瓶)、白塑料板(白瓷板)、毛笔、镊子、刀片、载玻片、盖玻片、显微镜。

3. 实验药品

乙醚、果蝇培养基(培养基配方见附录四)、95%乙醇、卡诺氏固定液(纯乙醇∶冰醋酸=3∶1)、I_2-KI 溶液(或医用碘酒稀释 2~3 倍代用)。

I_2-KI 溶液配方：3 g KI/100 mL 蒸馏水，再加入 1 g I_2 溶解后稀释 3~5 倍(鉴定淀粉用)。

四、方法步骤

1. 果蝇的单、双因子杂交实验

(1)选取处女蝇

由于雌果蝇体内有贮精囊，一次交配可较长地贮存许多有活性的精子，可供多次排卵受精使用，因此在杂交前必须选取处女蝇，以确保得到准确可靠的实验结果。一种选择处女蝇的方法是，首先要放掉培养瓶中的全部成虫蝇，然后于 10 h 内(雌果蝇在孵出后 12 h 内一般不进行交配，为保险起见确定为 10 h 内)选择新孵出的雌果蝇单独收集备用。另一种是用鉴别雌性蛹的方法选取处女蝇，根据雄果蝇第一对附肢第一跗节内侧具有性梳(sex combs，SC)的特征，蛹期可利用此特征来鉴别性别。用带一滴生理盐水的解剖针小心地挑取黑色蛹，放在浸过生理盐水的滤纸条上，然后在解剖镜下仔细观察：透过蛹的几丁质外壳，可见黑色蛹的头部有一对角状的前气门，头的两侧有一对红色复眼。蛹的背面可见发育的刚毛排列整齐以及果蝇腹部背面的黑色条纹。在蛹的腹面中部可见在其两侧呈黑色的折叠状双翅之间整齐而清晰地排列着发育完善的三对附肢，处于前端的那一对附肢第一跗节处清晰可见一对块状的黑色结构，即为雄性果蝇的性梳，不具此结构者为雌性。将雌性蛹逐个转移到一张潮湿的滤纸上，小心地插入新鲜培养基，经一段时间培养以后，羽化出来的果蝇均为处女蝇。

(2)杂交

设立以下的杂交实验组合

①正交：♀残翅、灰体(*vgvgEE*)×♂正常翅、黑檀体(*VgVgee*)

②反交：♀正常翅、黑檀体(*VgVgee*)×♂残翅、灰体(*vgvgEE*)

每个组合设两个重复。

在麻醉的情况下(注意：麻醉时间不能过长，以免果蝇死亡)根据杂交组合，选取 8~10 对雌(处女雌)、雄果蝇放入培养瓶中杂交，盖好棉塞(注意：不要将处于麻醉状态的果蝇直接放在培养基的表面，以免被黏住)。杂交后，于杂交瓶上贴上标签，注明杂交组合、杂交日期、实验者姓名。

(3)移出亲本蝇

杂交 7~9 d 后，在 F_1 代果蝇即将孵出之前(部分蛹已变黑)，将全部亲本蝇放飞或移入另一培养瓶中备用(一旦实验失败，可立即开始新的杂交实验)。

(4) F_1 代果蝇的观察和交配

在 F_1 代果蝇孵出后 7~9 d 内，观察其表现型。选取 15~30 对 F_1 代雌雄果蝇放入装有新鲜培养基的培养瓶中进行 F_1 代的互交(一般一瓶即可，若瓶小，则需多设几个重复)。

(5)移出 F_1 代果蝇

F_1 代交配 7~9 d 后，在 F_2 代果蝇孵出前(部分蛹已变黑)，将 F_1 代全部放飞或移入另一培养瓶中备用。

(6)观察、统计 F_2 代的结果

在 F_2 代孵出的 7~9 d 内，对 F_2 代果蝇进行收集观察和统计。

(7)数据处理

对 F_2 代统计结果进行 χ^2 测验，以检验实验结果与理论比例是否相符合。当只考虑某一对性状(翅型或体色)时，可对分离定律进行验证；若同时考虑两对性状，则可对自由组合定律进行验证。

$$\chi^2_{(n-1)} = \sum \frac{(o-e)^2}{e} \qquad (df = n-1)$$

式中：o 为实得个体数；e 为理论预期的个体数；$\sum$ 为各项加和；df 为自由度；n 为分离类型个数。求得 χ^2 值后，根据自由度查 χ^2 表(见附录)，得出相应概率 P。若 $P>0.05$，则实验结果符合理论比例。若 $P \leqslant 0.05$，则认为是小概率事件，实验结果与理论比不相符。

2. 玉米的单、双因子杂交实验

①种植黄色非糯(*YYWxWx*)和白色糯性(*yywxwx*)玉米植株，当雌穗花丝未抽出前用纸袋将其套住，雌穗抽出后采集父本株花粉进行杂交授粉。

②收获 F_1 代果穗，进行表现型观察。

③种植 F_1 代种子，当雌穗花丝未抽出前用纸袋将其套住，雌穗抽出后采集本株花粉进行自花授粉。

④收获 F_2 代玉米果穗。统计 F_2 代各种类型的籽粒数。将结果填入表 2-3。

表 2-3　玉米单、双因子杂交实验结果

测验种类	F_2 表型			
	黄色非糯 *Y_ Wx_*	黄色糯性 *Y_ wxwx*	白色非糯 *YyWx_*	白色糯性 *yywxwx*
双因子杂交： 实测数(o_1) 预期值(e_1)				
单因子杂交： 实测数(o_2) 预期值(e_2)	黄色：		白色：	

⑤以 χ^2 测验法检验 F_2 代数据与理论是否符合。

$$\chi^2_{(n)} = \sum \frac{(o-e)^2}{e} \quad \text{(检验方法同果蝇杂交实验)}$$

3. 糯与非糯玉米杂交 F_1 代花粉粒的观察

(1)取材、固定

种植糯性、非糯性及糯与非糯杂交的 F_1 代玉米植株。待雄穗发育成熟，抽出喇叭口但未开花时，剪下花序，立即浸入固定液中，24 h 后，将材料转入 70%乙醇中，于阴凉处保存。

(2)制片

分别从三种玉米雄穗上取下一小穗，置于载片上，剥取花药，加一滴 I_2-KI 溶液，用刀片横切花药，再用镊子挤压出花药内的花粉粒，除去药壁，染色 2~3 min，于低倍镜下观察。

注意：每种玉米材料制片前，所用的器具均需清洗干净，以防不同类型花粉互相混杂。

五、作业

1. 上交对黑腹果蝇生活周期进行观察的日记。

2. 写出正交、反交实验的亲本、F_1、F_2 的基因型、表现型及其比例，对 F_2 各种表现型分布作 χ^2 检验。

六、思考题

1. 本次实验选用两对因子的杂交组合，能同时验证哪些遗传定律？为什么？

2. 根据孟德尔分离定律、自由组合定律，预计本次实验中各种杂交组合的 F_1 代基因型如何？表现型如何？F_2 代的基因型和表现型又是如何？你的实验结果与预计相符吗？统计结果符合理论比值吗？若不符，请分析误差产生的原因。

3. 果蝇杂交实验为什么要选用处女蝇？F_1 互交时，为什么不用选处女蝇？

4. 果蝇杂交子代羽化之前，为什么要放飞全部亲代？为什么要在放飞掉全部亲代后的 7~9 d 内收集、观察子代的结果才是可靠的？

5. 果蝇杂交实验为什么要设正交、反交？

6. 用花粉粒观察方法验证分离定律的实验结果如何？

实验三　三点测验的基因定位方法

一、实验目的

验证摩尔根的连锁与交换定律，掌握果蝇的基因定位和绘制连锁图的方法。

二、实验原理

同源染色体上的连锁基因可以发生一定频率的交换，由于染色体是线形，所以可用杂交子代的重组频率的高低作为判断连锁基因距离远近的依据：重组频率低，则基因距离近；反之则远。遗传学上用去掉百分符号的重组频率(厘摩，cM)作为两基因的图距。根据这一原理，选用两对基因杂合体分别进行三次测验杂交，以求得三个基因间距离和顺序的方法为两点测验。

染色体上距离较近的基因间的交换与子代重组频率一致；距离较远的基因间往往可能发生两次或两次以上的交换，由于偶数交换的结果是基因并未发生重组，为此子代的重组频率就会小于同源染色体间的交换频率，用低估了的重组频率作图，结果是不准确的。在两个相距较远的基因间多选了一个基因，即利用三对基因杂合体进行一次测交的三点测验(又称三点测交)方法，可以将双交换类型从子代中检出，这样被低估的重组频率就可以得到校正，三个基因距离和顺序将得到准确的结果。

另外由于三点测验中，三个重组频率是在同一基因型背景和同一环境条件下得出的，这样也使三点测验基因定位方法的准确性得到较大提高。从方法上说，三个基因定位时，一次三点测验将等同于进行三次两点测验；显而易见，三点测验的方法在实验操作上也更为简便。

现以果蝇X染色体上三个连锁基因为例，说明三点测验进行基因定位的方法。

已知果蝇X染色体上有三个连锁隐性基因：w(白眼)、m(小翅)、sn^3(卷刚毛)、现欲测定它们的顺序和图距。

(1)三对基因杂合体的获得

以三隐性(白眼、小翅、卷刚毛)雌蝇与野生型(红眼、长翅、直刚毛)雄蝇进行杂交，得到三对基因的杂合体。

P　♀　$\dfrac{w\ m\ sn^3}{w\ m\ sn^3}$　×　♂　$\dfrac{+\ \ +\ \ +}{\quad}$

↓

F_1　♀　$\dfrac{w\ m\ sn^3}{+\ \ +\ \ +}$　　♂　$\dfrac{w\ m\ sn^3}{\quad}$

(2)测交

将三对基因杂合体的雌蝇与三隐性雄蝇进行测交(即 F_1 代互交)，后代可获得 8 种类型的果蝇。下面以一组实验数据为例进行白眼、小翅及卷刚毛三个基因的定位。

F_2 代表现型及个体数见表 3-1。

表 3-1 F_2 代表现型及数量

性状	数量	性状	数量
白眼、小翅、卷刚毛	470	红眼、小翅、直刚毛	112
红眼、长翅、直刚毛	464	白眼、长翅、卷刚毛	71
白眼、长翅、直刚毛	149	白眼、小翅、直刚毛	10
红眼、小翅、卷刚毛	131	红眼、长翅、卷刚毛	14

根据子二代的性状和数据，可知白眼、小翅、卷刚毛和红眼、长翅、直刚毛两种亲本类型的个体数量多；白眼、小翅、直刚毛和红眼、长翅、卷刚毛两种子代类型个体数最少，为双交换类型。将亲本型与双交换型进行比较，哪个性状发生了变化，则决定该性状的基因一定居于另两个基因之间。在本实验中，控制刚毛性状的 sn^3 的基因发生了变化，因此，可以肯定决定刚毛性状的基因居中，所以三个基因的顺序应为：

$$\underline{w \quad sn^3 \quad m}$$

(3)计算交换值

将以上的杂交结果进行整理并计算交换值。

基因型	数量	比例	类型
$\underline{w\ sn^3\ m}$	470	65.7%	亲本型
$\underline{+\ +\ +}$	464		
$\underline{w\ +\ +}$	149	19.7%	单交换 Ⅰ
$\underline{+\ sn^3\ m}$	131		
$\underline{w\ sn^3\ +}$	71	12.9%	单交换 Ⅱ
$\underline{+\ +\ m}$	112		
$\underline{w\ +\ m}$	10	1.7%	双交换
$\underline{+\ sn^3\ +}$	14		

重组值的计算和基因作图：

w-sn^3 的重组值 = 19.7%+1.7% = 21.4%

sn^3-m 的重组值 = 12.9%+1.7% = 14.6%

w-m 的重组值 = 19.7%+12.9%+2×1.7 = 36.0%

根据所得重组值，得出三个基因的顺序和图距如下：

$$\underline{w \quad 21.4\text{cM} \quad sn^3 \quad 14.6\text{cM} \quad m}$$

三、实验用品

1. 实验材料

黑腹果蝇品系：三隐性果蝇白眼(w)、小翅(m)、卷刚毛(sn^3)。

野生型果蝇：红眼(+)、长翅(+)、直刚毛(+)。

2. 实验器具和药品

参见“实验二　孟德尔遗传规律的验证”中的果蝇的单、双因子杂交部分。

四、方法步骤

1. 三对基因杂合体果蝇的获得

将三隐性处女雌果蝇（$wmsn^3$）与野生型雄性果蝇进行杂交（选取处女雌果蝇和杂交的方法同实验二中“果蝇单、双因子杂交”）。所得 F_1 代雌果蝇为三对基因的杂合体，雄果蝇为三隐性个体。

2. 测交（即 F_1 代互交）

F_1 代孵出 7~9 d 内，取 10 对雌雄果蝇，放入装有新鲜培养基的培养瓶中进行互交。

3. 观察统计

一周左右，当子代蛹变黑时，放飞全部 F_1 代，在蛹开始孵化后的 7~9 d 内收集测交后代，进行观察、分类和统计。

4. 作图

根据实验得出的结果，求得基因的重组值，然后进行基因作图。

五、思考题

1. 如何培育三隐性果蝇？
2. 三点测验时，F_2 代为什么有时出现 6 种表现型，有时又出现 8 种表现型？
3. 为什么要以白眼、小翅、卷刚毛的个体为母本？若以它为父本能否进行三点测验？如果可以，请设计杂交程序。
4. 试将两点测验与三点测验进行比较。
5. 如何快捷而准确地对你所获得的大量测交后代的表现型进行分类计数？

实验四　伴性遗传定律的验证

一、实验目的

验证伴性遗传规律，并通过比较伴性基因与常染色体上等位基因分离规律，进一步理解两者之间的区别与联系。

二、实验原理

1910年，摩尔根(T. H. Morgan)利用红眼雌性果蝇和白眼雄性果蝇杂交发现，子一代不论雌、雄都是红眼，但子二代中雌果蝇全是红眼，雄果蝇半数是红眼，半数是白眼，值得注意的是，凡是白眼都是雄果蝇。实验显示了性状与性别有一定联系的现象，即外祖父的性状通过女儿传给了外孙的一半的交叉遗传现象。为了验证子一代红眼雌性果蝇为杂合体，摩尔根用最初的白眼雄果蝇和它的红眼子代雌果蝇进行回交，结果产生了红眼雌果蝇、红眼雄果蝇、白眼雌果蝇、白眼雄果蝇，其表现型比例为1∶1∶1∶1。

根据实验结果，摩尔根提出了伴性遗传理论的假设：他认为最初发现的雄性白眼果蝇的白眼性状由位于X染色体上的隐性基因 w 所控制，而Y染色体上不带有这个基因的显性等位基因，所以最初的白眼雄蝇的基因型为 X^wY，与之交配的红眼雌蝇是显性基因的纯合体，基因型为 X^+X^+。这一假设圆满地解释了他的实验结果。

P　　X^+X^+(红眼♀)×X^wY(白眼♂)

↓

F_1　　X^+X^w(红眼♀)×X^+Y(红眼♂)

↓

F_2　　X^+X^+　　X^+X^w　　X^+Y　　X^wY

(红眼♀)　(红眼♀)　(红眼♂)　(白眼♂)

摩尔根为了验证所提出假设的正确，又以白眼雌果蝇与红眼雄果蝇进行了反交实验，子代中雌果蝇都是红眼，雄果蝇都是白眼，与亲本性状表现出交叉遗传的现象。实验结果与预期一致，假设得到了进一步的确认。

P　　X^wX^w(白眼♀)×X^+Y(红眼♂)

↓

F_1　　X^+X^w　　X^wY

(红眼♀)　(白眼♂)

摩尔根通过这些实验，提出了伴性遗传规律，即位于性染色体上的基因所控制的性状，伴随性别传递给后代。摩尔根通过伴性遗传实验，第一次把一个特定的基因(控制白眼的基因)定位在一条特定的染色体(X染色体)上，为染色体遗传理论的建立作出了贡献。

三、实验用品

1. 实验材料

黑腹果蝇、野生型品系、白眼品系。

2. 实验器具和药品

参见“实验二　孟德尔遗传规律的验证”中果蝇的单、双因子杂交。

四、方法步骤

1. 选取处女雌果蝇

方法参见实验二中果蝇的单、双因子杂交实验。

2. 杂交

按以下组合进行杂交。

①X^+X^+(红眼♀)×X^wY(白眼♂)正交

②X^wX^w(白眼♀)×X^+Y(红眼♂)反交

以下各步骤均按果蝇单、双因子杂交的方法进行，然后分别对正交、反交的 F_2 进行数据统计，通过χ^2检验验证所得结果与理论预期是否符合。

五、思考题

1. 雄性白眼果蝇与雌性红眼果蝇杂交，结果会如何？怎样鉴定子代雌性红眼果蝇是杂合型的？

2. 常染色体基因与性染色体基因的遗传有何区别？

3. 摩尔根伴性遗传实验有什么现实借鉴意义？

实验五　大肠杆菌的转移梯度基因定位
(非中断杂交)

一、实验目的

学习掌握大肠杆菌(*E. coil*)的转移梯度基因定位方法。

二、实验原理

1964 年，J. Lederberg 和 E. L. Tatum 发现不同品系的大肠杆菌之间可以进行杂交。1968 年，W. Hayes 进一步研究得知大肠杆菌有性的分化。大肠杆菌在杂交过程中，遗传物质的交换不是相互的，其中一种细菌作为遗传物质的受体(相当于高等生物的雌性)，另一种细菌则是供体(雄性)。以后的研究发现这种性分化是由于一种可转移的性因子或称致育因子(sex or fertility factor，F 因子)的存在。具体地说，具有游离 F 因子的细菌称为 F^+ 菌株；F 因子整合在细菌染色体上的细菌称为高频重组菌株(high of recombination，Hfr)，以上两种细菌相当于高等生物的雄性；不具有 F 因子的细菌称 F^- 菌株，相当于雌性。

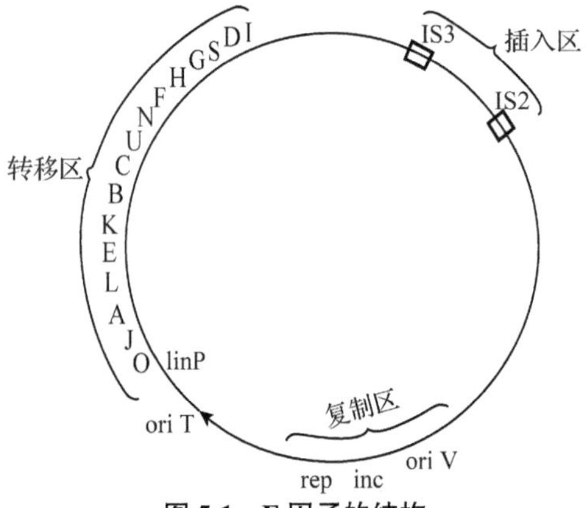

图 5-1　F 因子的结构

F 因子为 DNA 小环，相对分子质量 4.5×10^6，F 因子 DNA 的含量是大肠杆菌染色体 DNA 的 2%。F 因子由控制自主复制的区段、控制转移的 *tra* 基因区段和重组区段(插入区段)组成，转移区的 ori-T (转移复制起始区)位置称为原点，F 因子转移时，原点断裂成为转移的起始点(图 5-1)。

大肠杆菌的染色体呈环状，Hfr 菌株的染色体上整合有 F 因子(图 5-2)，由于 F 因子整合位置的不同，可以产生不同种类的 Hfr 菌株。Hfr 菌株和 F^- 菌株杂交时，Hfr 菌株的染色体从 F 因子的原点(ori-T)断裂，这样 F 因子的原点就作为细菌染色体向 F^- 菌株转移的起始点，F 因子在转移中起着遗传载体的作用，F 因子一些主要基因(*tra* 基因群，它们控制转移和性伞毛的形成)连接在大肠杆菌染色体的末端(图 5-3)。经实验确认全部大肠杆菌染色体进入 F^- 菌株需要 100 min，但由于转移过程各种条件的影响，接合过程往往不时发生中断，从而使细菌染色体的转移也相应出现了随机中断，完整染色体进入 F^- 菌株的机会很少，这样有功能的完整的 F 因子转移机会也很低，所以 Hfr 菌株与 F^- 菌株的杂交一般不会使 F^- 变成 Hfr 或 F^+。由于 Hfr 菌株与 F^- 菌株在杂交过程中染色体的随机中断，所以 Hfr 染色体基因呈梯度转移，势必距离

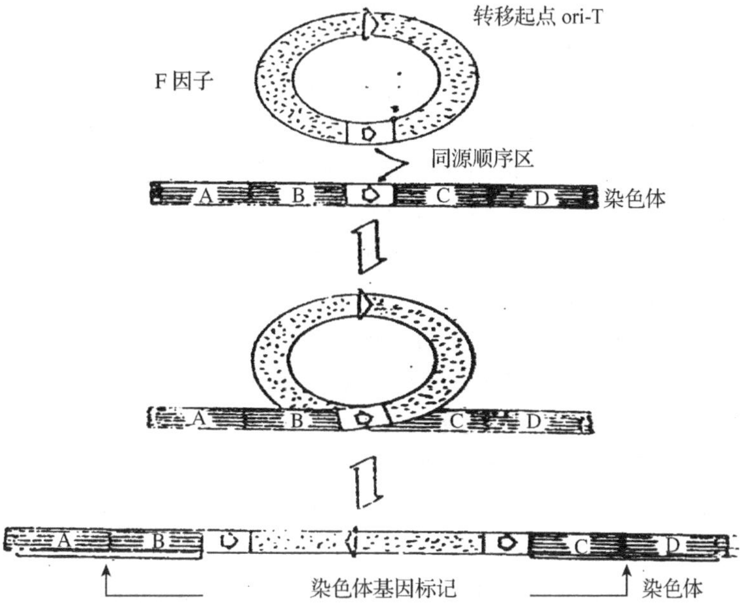

图 5-2　F 因子插入的 Campell 模型

F 因子插入后使染色体上原来相邻的基因隔开了一段距离

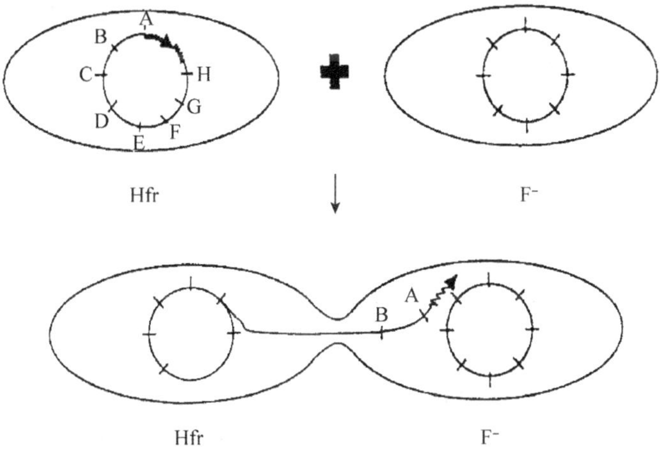

图 5-3　Hfr 染色体的转移

原点近的基因有更多机会出现在 F^- 细菌中，因而重组频率高；距离原点远的基因，进入 F^- 菌株机会少，因而在 F^- 菌株中重组频率很低。这样，在一定时间内可根据不同基因的重组频率测定出染色体上基因的顺序和位置。

本实验选用的 Hfr 品系为 CSH60 Str^s，F^- 菌株为多重生化缺陷型 CSH57 Str^r，通过杂交，可以产生接受了 Hfr 菌株不同长度染色体并与 F^- 菌株发生重组的各种类型的重组子。为了能选择出全部的重组子，实验中确定距原点最近、首先进入 F^- 菌株的 *mct* 和 *lcu* 两个基因为选择性标记，这两个基因的重组频率为 100%，然后再利用各种不同的选择性培养基逐个选择依次进入这些重组子中的其他基因(非选择标记)。实验中还要在技术上能有效地排除供体，本实验选择链霉素基因作为反选择性标记基因，为了使 Hfr 菌株染色体有更多机会进入受体，链霉素反选择性标记基因应当在转移染色体的后端。杂交中受体菌的排除则是由于培养基中不加甲硫胺酸和亮胺酸。这样在实验中所配制的加链霉素并补加各种营养成分，不加甲硫胺酸和亮胺酸的 A 培养基(培养基配方见表 5-1)就可以达到排除供体和受体，选择全部重组子的目的。在获得全部重组子之后，再在各种不同的选择性培养基中(B~G 培养基配方见表 5-1)，选择出各种不同的重组子，并求出重组频率，根据重组频率的不同即可确定所研究基因的连锁情况。

大肠杆菌的杂交在液体培养基中进行，重组子的数目将取决于接合的细胞数，这样既要保证 Hfr 供体菌的足够量，又要使每一供体细胞有同等机会与受体接合，因此要配以一定数目的 F^- 细菌，通常 Hfr 与 F^- 细胞数之比为 1∶(10~20)。重组子的检出习惯用影印法或单菌落法，本次实验采用单菌落点种法。通过实验，要求根据色氨酸(*trp*)、组氨酸(*his*)、腺嘌呤(*ade* 或 *pur*)、精氨酸(*arg*)、乳糖(*lac*)及半乳糖(*gal*)6 个基因的转移梯度测定出它们的顺序和位置。

本实验是依据大肠杆菌接合过程中染色体的自然中断，供体基因梯度转移并在 F^- 细菌中重组的百分率为指标来进行基因定位，而中断杂交基因定位方法则是采取不同时间的人为中断接合，使染色体中断，而后观察供体基因在受体中的出现时间为指标来进行基因定位的，两种方法同样可以获得相同的染色体图，但相比之下后者比前者操作复杂。以上两种基因定位的方法，在测定两个紧密连锁基因的位置时，精确程度较差，所以还需采用传统的重组作图方法来进行基因定位的工作。

三、实验用品

1. 实验材料

受体菌(多重生化缺陷型)：*E. coil*、CSH57、F^- *leu pur*E *trp his metA ilv arg thi ata lacy xyl gal* Str^r。

供体菌：*E. coil CSH*60 *Hfr* sup Str^s。

2. 实验器具

恒温水浴摇床、天平(分析、扭力)、培养皿(9 cm)、三有烧瓶(50~150 mL)、移液管(各种大小)、烧杯(各种规格)、量筒(各种规格)、试管(15 mm×150 mm)、玻璃涂棒、玻棒接种环、酒精灯、牙签、pH 试纸等。

3. 实验药品

①LB 培养液、LB 固体培养基。

②无菌生理盐水(0. 9%NaCl)。

③10×A 缓冲溶液(见附录)。

④[A]选择性固体培养基(表 5-1 和表 5-2)。

⑤[B~G](六种)选择性固定培养基(同上)。

表 5-1 各种选择性培养基的配制

添加物质			A	B	C	D	E	F	G
代码	名称	数量							
	碳源	2 mL	葡萄糖	葡萄糖	葡萄糖	葡萄糖	葡萄糖	乳糖	半乳糖
	10×A	10 mL	+	+	+	+	+	+	+
	琼脂粉	2g	+	+	+	+	+	+	+
	水	88 mL	+	+	+	+	+	+	+
	硫酸镁	0. 4 mL	+	+	+	+	+	+	+
	硫胺素	0. 4 mL	+	+	+	+	+	+	+
	精氨酸	0. 4 mL	+	−	+	+	+	+	+
	腺嘌呤	0. 4 mL	+	+	−	+	+	+	+
	色氨酸	0. 4 mL	+	+	+	−	+	+	+
	组氨酸	0. 4 mL	+	+	+	+	−	+	+
	链霉素	0. 4 mL	+	+	+	+	+	+	+

表 5-2 各种选择性培养基基本溶液的配制

试剂名称	溶液规格	配制量	试剂称量
葡萄糖	20%	20 mL	4 g
乳糖	20%	5 mL	1 g
半乳糖	20%	5 mL	1 g
硫酸镁	0. 25 mol/L	5 mL	308 mg
硫胺素	1mg/mL	5 mL	5 mg
精氨酸	10 mg/mL	5 mL	50 mg
色氨酸	10 mg/mL	5 mL	50 mg
组氨酸	10 mg/mL	5 mL	50 mg
腺漂呤	10 mg/mL	5 mL	50 mg
链霉素	50 mg/mL	5 mL	250 mg

注：色氨酸需在50~60℃水浴条件下溶解；腺嘌呤不溶于水，需先用1 mol/L 的盐酸调匀，再加一定量的水；链霉素受热易分解，所以不能加入培养基中一起灭菌，而应在倒平板前添加。无菌水现配现用。

四、方法步骤

本实验基本步骤安排汇总于表 5-3。具体操作如图 5-4 所示，并将实验结果填入表 5-4。

表 5-3 实验日程安排

时 间		程 序	工作内容
第 1 天	8:00	活化菌种	①冰箱中保存的供、受体菌分别接斜面，于 37 ℃活化培养 20~24 h ②倒 A 平板
第 2 天	8:00	接种	从已活化的供体和受体中分别取一环菌，接种于 2 个 5 mL LB 液的三角瓶中，37 ℃培养 10~12 h
	16:00	扩菌	从供体和受体菌液中各取 1 mL，分别加入 2 个 5 mL LB 液的三角瓶中，37 ℃培养 2~3 h

（续）

时　间	程　序	工作内容
18:30	接合	取 0.2 mL 供体菌液和 4 mL 受体菌液混合于三角瓶中，于 37 ℃下 120 次/min 频率振荡 100 min
20:10	制母平板	①将经接合的混合菌液，做 10 倍递减稀释至 10^{-1}、10^{-2}，然后取接合的原液及 10^{-1}、10^{-2} 菌液各 0.1 mL，分别在选择性培养基（A）平板上涂布（每种处理涂 3 个平板），另外各取供体、受体菌液 0.1 mL，分别涂 1~2 个 A 平板，作为对照 ②所有 A 平板均置于 37 ℃培养 24~48 h ③倒选择性培养基（B~G）平板各 2 个，皿底贴上编号 1~100 的方格纸（图 5-5）
第 4 天	点种	等母平板长出一些分散的菌落后，用灭菌牙签（100 支）选取 100 个菌落在 B~G 各平板相同编号的小格中点种。所有平板于 37 ℃条件下培养 24~48 h
第 5 天	观察记录	待菌落长出后，按表 5-4 格式分别统计各选择性培养基平板上的菌落数，数据处理和作图计算不同基因的重组频率，绘制它们的染色体图，如图 5-6 所示

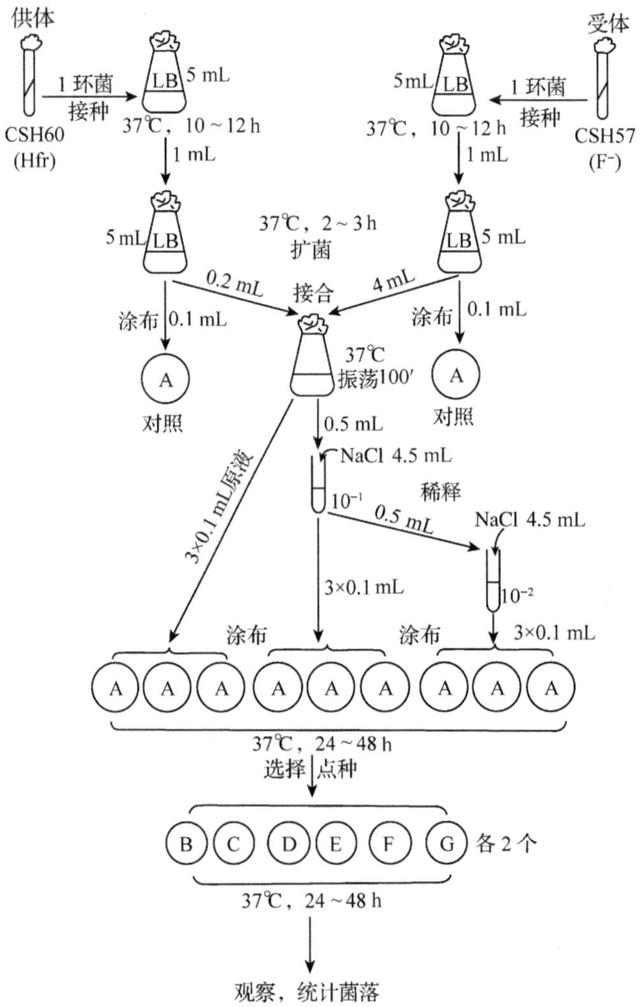

图 5-4　实验程序示意（LB 即 LB 液）

表 5-4　不同培养基实验结果数据统计表

序号	B		C		D		E		F		G		合计
	1	2	1	2	1	2	1	2	1	2	1	2	
1													
2													
3													
4													
⋮													
100													
合计													
百分数													

$$\text{重组频率}(\%)=\frac{\text{每种选择性培养基上的菌落数(重组子数)}}{\text{点种的总菌落数(总的重组子数)}}\times 100$$

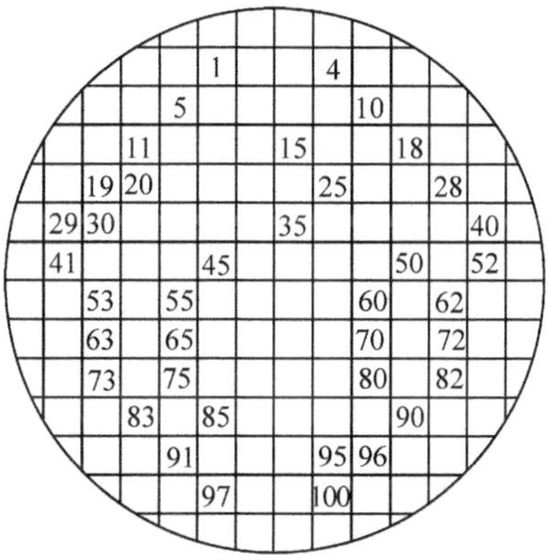

图 5-5　贴在培养皿底上 100 个小格的圆形纸

五、思考题

1. 试述大肠杆菌转移梯度基因定位方法的原理。

2. 本实验中，确定选择性标记基因和反选择性标记基因的原则是什么？为什么？在反选择标记后面的基因可以被定位吗？

3. 根据培养基的成分，请分析 A 培养基和 B~G 培养基在实验中的作用。

4. CSH60 Hfr 和 CSH57 F^-的杂交过程为什么要维持 100 min 的时间？

5. 通过本实验，你认为可以达到什么目的？

6. 总结自己的实验结果，你认为本实验要做得比较成功，哪些步骤是关键？

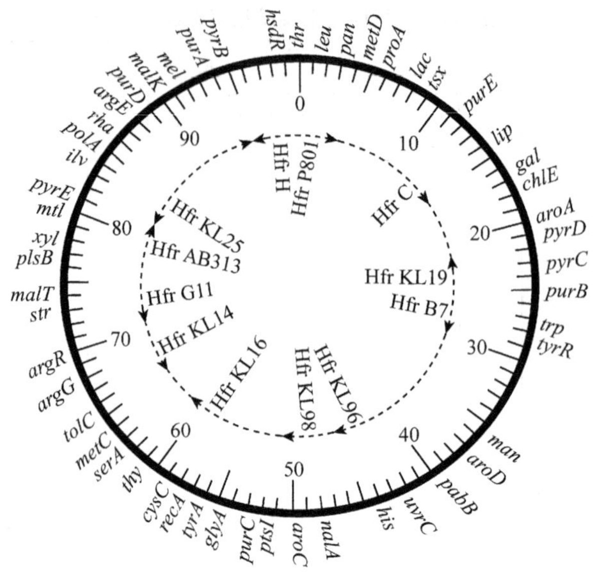

图 5-6　大肠杆菌染色体简图(不同方向和起点的 Hfr 菌)

实验六 粗糙链孢霉的杂交

一、实验目的

通过对粗糙链孢霉(*Neurospora crassa*)杂交所产生的子囊孢子的观察，了解基因的分离和交换现象，计算着丝粒的距离。

二、实验原理

粗糙链孢霉属真菌类子囊菌纲，它是一种分枝丝状真菌，菌丝分隔，每隔有近百个单倍体的核($n=7$)。链孢霉通常进行无性生殖，这种生殖方式比较简单，菌丝体顶端长出无性的分生孢子，单核的为小分生孢子，多核的为大分生孢子，通过分生孢子萌发，长出新的菌丝。另一无性生殖方式是通过菌丝体的片段萌发长出新菌丝体。

粗糙链孢霉有两种不同的接合型(又称交配型)(mating type)，*A* 和 *a*(或 mt^+ 和 mt^-)，它们之间没有形态上的差异，只有生理上的不同。当不同的接合型生长在一起时就可以进行有性生殖。有性生殖又可分为两种情况。

(1)当两种不同的接合型生长在一起时，它们分别形成许多雌性生殖结构——原子囊壳(protoperithecium)，它是由菌丝聚合而成的圆形小体，内部的特殊菌丝向上伸出，成为受精丝，不同交配型的小分生孢子落在受精丝上发生受精，分生孢子的核进入受精丝下部称为产囊体的特殊菌丝中，形成异核体，在异核体中两种接合型的核各自多次分裂，成对的不同接合型的细胞核分配到许多产囊菌丝中，最后形成许多钩状细胞，钩状细胞顶端的细胞(子囊原始细胞)所包括的两个不同接合型的核融合成二倍体的合子，合子维持很短的时间，逐渐长成一个长形的小囊(子囊)，每一子囊中进行减数分裂，形成 4 个单倍体的核(四分体)，由于子囊十分狭小，4 个单倍体核只能在子囊中呈顺序直线排列，接着每个核又进行一次有丝分裂，产生了 8 个细胞，以后逐渐发育成 8 个顺序排列的子囊孢子。

一个子囊壳中可包括 30~40 个子囊。完成受精作用的原子囊果逐渐变大、变黑，成为成熟的子囊壳。子囊孢子由子囊中散出后，在适宜的条件下，萌发成新的菌丝体(图 6-1)。

(2)不同接合型的菌丝接触连接，两种接合型的核发生融合，形成二倍体的合子，最后产生子囊果。

链孢霉为单倍体，生活周期短(10 d 左右)、个体小、生长迅速、易于培养(要求的生活条件比较简单)。在不同接合型之间的有性生殖中，一次杂交可以获得大量后代。又由于链孢霉的染色体结构和功能类似于高等生物，所以它在遗传学研究中有着广泛的应用。比如 Beadle 和 Tatum 在早期提出的一个基因一个酶的假说，就是选用链孢霉为材料的研究成果。另外，由于链孢霉杂交过程中，每一子囊是一次减数分裂的产物，减数分裂产生的四分体在子囊中呈直线排列，称为顺序四分体，这种独一无二的特点为遗传学研究提供了

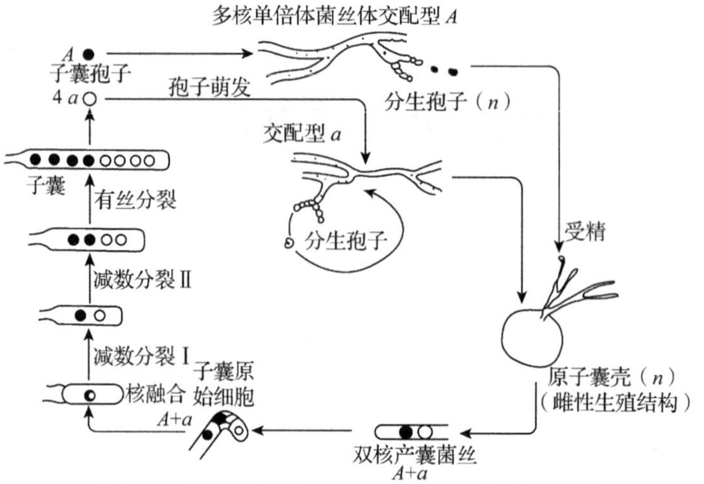

图 6-1　粗糙链孢霉 *Neurospor crassa* 的生活周期

许多方便。微生物遗传学中，对链孢霉子囊中的四分体进行分析称为顺序四分体分析，顺序四分体分析在遗传学中有以下几方面的应用：

①孟德尔利用豌豆为材料提出的分离规律的关键是杂种等位基因的分离。现将一对基因差别的链孢霉进行杂交，子囊中顺序排列的子囊孢子出现的 1 ∶ 1 发离，必定是子囊减数分裂过程中等位基因分离的结果，孟德尔的分离规律在真菌中得到了验证。显而易见，利用链孢霉对分离规律的验证，要比利用二倍体生物来得简单得多。另外，分离规律同样适用于链孢霉的事实，说明了孟德尔分离规律既有普遍性又有形式上的多样性。

②由于链孢霉子囊的狭小，减数分裂所产生的子囊孢子只能呈直线顺序排列在子囊中，所以通过子囊孢子排列顺序上的各种变化，就能直接观察到基因交换的具体情况。

③可以发现基因转换(gene conversion)，如果子囊中子囊孢子出现的 3 ∶ 1 ∶ 1 ∶ 3 或 5 ∶ 3 等异常分离比，则说明基因发生了转换(参考《遗传学》教材)。

④可进行着丝粒作图，把着线粒当成一个座位(locus)，计算某基因和着丝粒之间的重组值，则可确定它们之间的图距。

本实验选用的两种不同接合型的链孢霉为赖氨酸缺陷型(lys^-)和野生型(lys^+)，将它们进行杂交，赖氨酸缺陷型的子囊孢子比野生型子囊孢子成熟晚，当野生型子囊孢子成熟变黑时，缺陷型的子囊孢子为灰白色。

两种链孢霉杂交后，在较大数目的子囊中，理论上应出现 6 种子囊型(图 6-2)，它们的来源如图 6-3 所示。

(a) ++++----	未交换型子囊
(b) ----++++	
(c) ++--++--	交换型子囊
(d) --++--++	
(e) --++++--	
(f) ++----++	

图 6-2　杂交后的六种子囊型

(a)和(b)：基因与着丝粒之间没有发生互换，减数分裂中等位基因的分离时间在减数分裂的第一次分裂，子囊中不同类型子囊孢子出现连续排列的4∶4的分离。(c)和(d)：基因与着丝粒之间发生2-3或1-4单交换，等位基因的分离时间在减数分裂的第二次分裂。子囊中不同类型子囊孢子按1∶1分离，但子囊孢子的排列区别于(a)和(b)。(e)和(f)：基因与着丝粒间发生了1-3和2-4单交换，等位基因的分离时间在减数分裂的第二次分裂。子囊中不同类型子囊孢子按1∶1分离，但子囊孢子的排列区别于(a)和(b)。

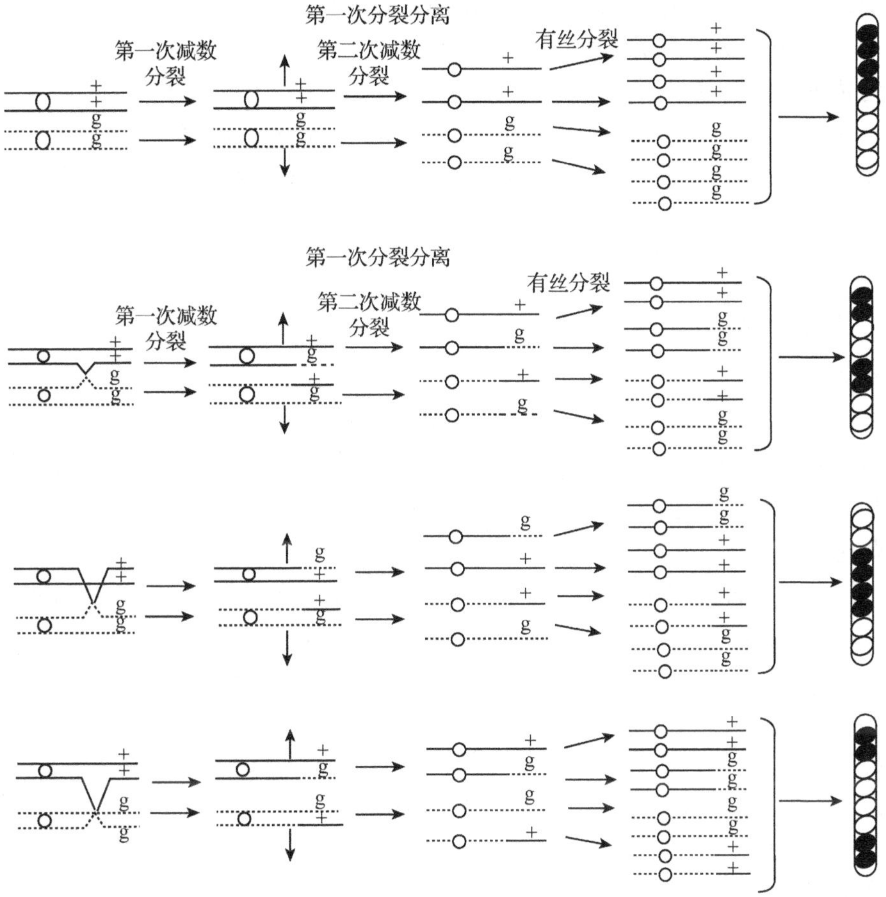

图6-3　6种子囊的来源

概括来说，凡是等位基因在减数分裂第一次分裂分离的子囊即为非交换型子囊；凡是等位基因在减数分裂分离的子囊即为交换型子囊。杂交后在观察众多的子囊时，根据第二次分裂分离的子囊(即交换型子囊)的多少，则可测定出该基因与着丝粒之间距离的远近，这被称之为着丝粒作图。由于交换型子囊的基因交换，仅仅发生在二价体的四条染色单体中的两条之间，另两条染色单体未参与互换，为此一个交换型子囊中，仅有半数子囊孢子发生重组，所以某基因与着丝粒之间的重组值的计算，要在一般重组率计算公式后乘以1/2，即

$$某基因与着丝粒的重组率(\%)=\frac{交换型子囊数\times 1/2}{总子囊数}\times 100$$

三、实验用品

1. 实验材料

粗糙链孢霉野生型菌株 Lys^+(接合型 A)、分生孢子为橘红色；粗糙链孢霉赖氨酸缺陷型 Lys^-(接合型 a)、分生孢子为白色。

2. 器具

显微镜(或双目解剖镜)、镊子、内障针(或解剖针)、接种环、载片、盖片、酒精灯试管(30 mm×200 mm)、培养皿(9 cm)。

3. 药品和培养基

5%次氯酸钠(或 5%石炭酸)、基本培养基(野生型能长，缺陷型不能长)、完全培养基、补充培养基(供缺陷型生长用)、马铃薯培养基(可替代补充培养基)、杂交培养基或玉米杂交培养基。

培养基配方可参见附录。

四、方法步骤

1. 菌种活化

为使菌种生长良好，杂交前从 4 ℃冰箱中取出菌种，分别接种在两支完全培养基斜面上，(为了缺陷型的更好生长，可适当在完全培养基中添加赖氯酸，也可用补充培养基或马铃薯代替完全培养基)置于 28 ℃条件下培养 5 d 左右。

2. 杂交

经 5 d 左右的活化，菌种的菌丝上长出了分生孢子，在无菌条件下，用接种环将两种亲本的少许菌丝或分生孢子接种于杂交培养基上，培养基上放一无菌的折叠滤纸。在试管上贴上标签，注明杂交日期和实验者姓名。杂交试管置于 25 ℃条件下培养 1 周左右后，即有棕色原子囊果出现，以后原子囊逐渐变大、变黑，2 周左右便发育为成熟子囊果，此时即可进行镜检。注意摸索合适的镜检时间，过早取材观察，所有子囊孢子都有未成熟，子囊孢子都为灰白色，过迟取材观察，所有子囊孢子全部成熟呈黑色，不当的镜检时间将看不到黑、灰白子囊孢子的分离。

3. 观察

首先用少量无菌水加入杂交试管中，摇动试管，将悬浮了分生孢子的水倒出煮沸，以防止大量分生孢子飞扬扩散。取载片，滴加一滴 5%次氯酸钠溶液，取一较大的子囊果置于其中用内障针压破子囊果，或用另一张载片盖在材料的载片上压破子囊果。不论用什么方法，压破子囊果都需用力适当，既要压破子囊果，又要尽可能多地保持子囊完整。然后在低倍镜(或双目解剖镜)下观察(图 6-4)，记录统计每个完整子囊的类型。另外，注意观察是否出现由于基因转换而造成的子囊孢子的异常分离。

4. 着丝粒距离的测定

利用观察统计的数据，根据重组频率计算公式，求出 *Lys* 基因和着丝粒的距离。

实验结束后，用过的培养基及器具都要煮沸消毒或用 5%次氯酸钠(5%石炭酸)浸泡灭菌，以免造成环境污染。

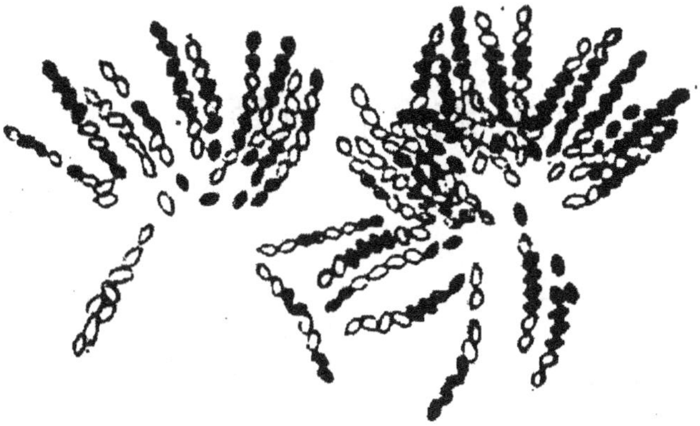

图 6-4　野生型与赖氨酸缺陷型杂交获得的各种子囊类型

五、思考题

1. 利用不同接合型的粗糙链孢霉的杂交实验对孟德尔分离规律进行验证，为什么说比利用二倍体生物来得简单？请简单说明。

2. 6 种子囊型的细胞学基础是怎样的？

3. 在一对基因差异的两种接合型杂交中，子囊孢子预期的分离比是多少？如果出现异常分离比，是什么原因造成的？

4. 请观察一定数量的完整子囊果，并对子囊的类型进行统计，求出 *Lys* 基因的着丝粒距离是多少？（着丝距离约为 14. 8）

综合作业题

1. 分离规律的特点是________________基因位于________________染色体上。
自由组合规律的特点是________________基因位于________________染色体上。
连锁遗传规律的特点是________________基因位于________________染色体上。
2. 自交是指____;
回交是指____;
测交是指____。
3.χ^2 检验的原理与基本步骤是什么?

第二篇　细胞遗传实验

实验七　减数分裂过程观察

一、实验目的

观察了解植物花粉母细胞减数分裂各个时期染色体的变化特征及与遗传学的关系。

二、实验原理

生物体在个体发育过程中，生长发育到一定阶段便进入性成熟时期，其主要标志是性器官(植物中是花)中的性母细胞开始进行减数分裂，产生雌雄配子或性细胞。雌雄配子结合(即受精)后，成为受精卵或合子。在植物界中，则由合子发育成种子，然后通过种子逐渐长成新一代的个体。

减数分裂是生物在性母细胞成熟时配子形成过程中发生的一种特殊的有丝分裂。它包括连续两次的细胞分裂阶段：第一次分裂为染色体数目的减数分裂，第二次分裂为染色体数目的等数分裂。两次分裂可根据染色体变化特点分为前期、中期、后期和末期，由于第一次分裂的前期较长，染色体变化比较复杂，故其前期又可分为五个时期，即细线期、偶线期、粗线期、双线期、终变期。在减数分裂过程中，同源染色体之间发生联会、交换和分离，非同源染色体之间进行自由组合。最终分裂为染色体数目减半的四个子细胞，从而发育为雌性或雄性配子(n)。雌雄配子通过受精又结合成为合子，发育为新的个体，这样又恢复了原有的染色体数目($2n$)。由于不同雌雄配子染色体的重新组合，产生了大量的遗传变异，有利于生物的适应和进化。

生物的性母细胞成熟时，减数分裂各时期染色体变化的特征简述如下：

第一次分裂：

前期Ⅰ(图 7-1)：可分为以下五个时期。

细线期：核内染色体呈细长线状，互相缠绕，难以辨别成双的染色体。

偶线期：同源染色体相互纵向靠拢配合，称为联会。这样联会的一对同源染色体，称为二价体。偶线期所表现的这一特征时间很短，一般较难观察到。

粗线期：配对后的染色体逐渐缩短变粗，含有两条姐妹染色单体，这样一个二价体中就包含了四条染色单体，故又称为四合体，在此期间各同源染色体的非姐妹染色单体间可能发生片段交换。

双线期：各对同源染色体开始分开，由于在粗线期非姐妹染色单体之间发生了交换，因而同源染色体在一些区段间出现交叉结。此期可清楚地观察到交叉现象。

终变期：染色体更为浓缩粗短，交叉结向二价体的两端移动，核仁和核膜开始消失，此时各二价体分散在核内，此时是染色体计数的最佳时期。

中期Ⅰ(图 7-2)：核仁和核膜消失，所有二价体排列在赤道面上，细胞质里出现纺锤体、每个二价体的两条染色体的着丝点分别趋向纺锤体的两极。

后期Ⅰ(图 7-3)：二价体中的一对同源染色体开始分开，在纺锤体的作用下分别向两极移动，完成染色体数目的减半过程。此期，同源染色体的两个成员必然分离，非同源染色体间的各个成员以同等机会随机结合，分别移向两极。注意此时染色体的着丝点尚未分裂，每条染色体含有两条染色单体。

末期Ⅰ(图 7-4)：染色体移到两极，松开变细，核仁和核膜重新出现，形成两个子核。细胞质分裂，在赤道板处形成细胞板，成为二分体。

减数分裂Ⅰ和减数分裂Ⅱ之间的间期很短，不进行 DNA 的合成和染色体的复制。有的生物甚至没有间期，直接由末期Ⅰ进入前期Ⅱ。

图 7-1　前期Ⅰ

图 7-2　中期Ⅰ

图 7-3　后期Ⅰ

图 7-4　末期Ⅰ

第二次分裂：

前期Ⅱ(图 7-5)：染色体又开始明显缩短，而其包含的两条染色单体分得很开，只是着丝点仍然没有分裂。

中期Ⅱ(图 7-6)：染色体整齐地排列在分裂细胞的赤道板上，出现纺锤丝。

后期Ⅱ(图 7-7)：染色体的着丝点分裂为二，两条姐妹染色单体在纺锤丝的牵引下分别移向两极。

末期Ⅱ(图 7-8)：染色体分到两极后，又重新出现核仁和核膜，同时细胞质分隔为二，从而使一个细胞分裂成为四个子细胞，称为四分体或四分孢子。每个细胞内只含有原来母细胞的半数的染色体(n)。

减数分裂在遗传学上有重要意义。通过减数分裂，配子染色体数目减少一半，经过受精作用，后代又恢复了亲代的染色体数目，这样在物种延续的过程中染色体维持了数目的恒定，从而使物种在遗传上的稳定性得到了保证。另外，减数分裂过程中染色体的联会和分离，非姐妹染色单体间的交换，以及不同对的同源染色体的自由组合均可作为遗传学三

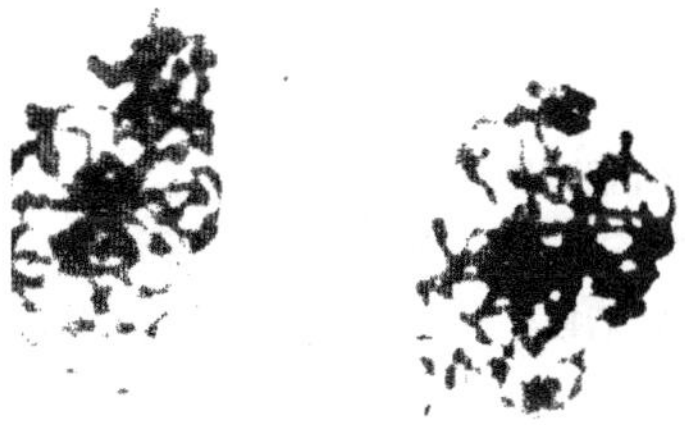

图 7-5　前期Ⅱ

图 7-6　中期Ⅱ

图 7-7 后期Ⅱ

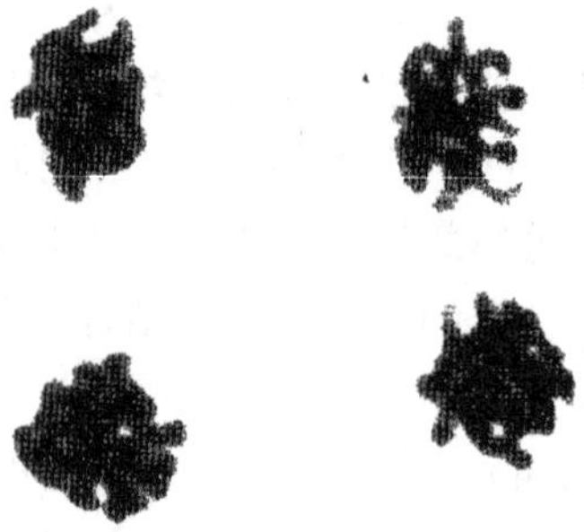

图 7-8 末期Ⅱ

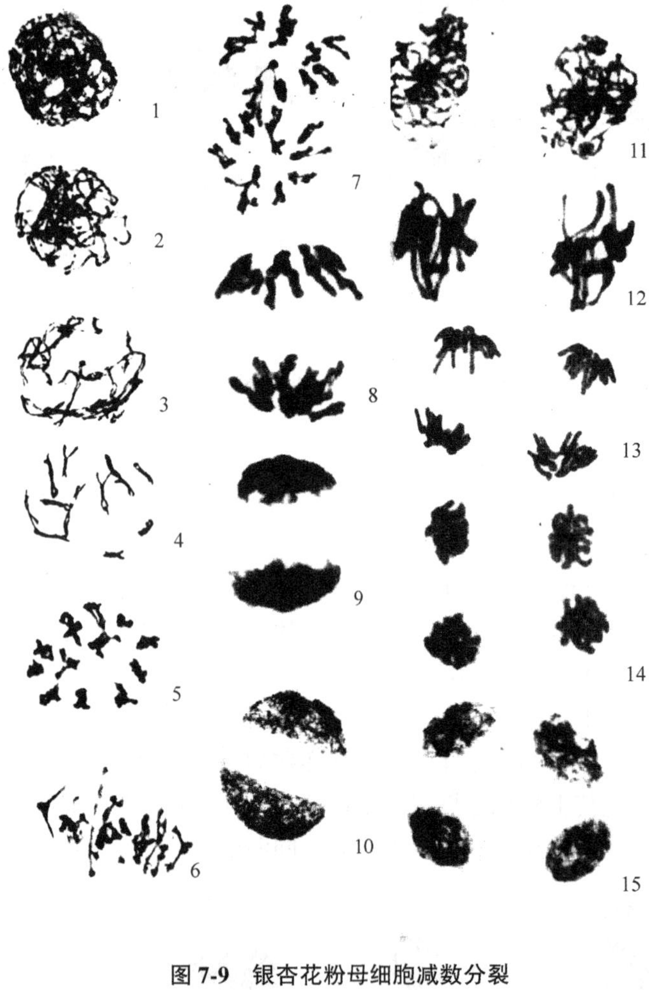

图 7-9 银杏花粉母细胞减数分裂

1. 细线期 2. 偶线期 3. 粗线期 4. 双线期 5. 终变期 6. 中期Ⅰ 7、8. 后期Ⅰ 9. 末期Ⅰ 10. 分裂间期 11. 前期Ⅱ 12. 中期Ⅱ 13. 后期Ⅱ 14. 末期Ⅱ 15. 四分体大定律的细胞学基础。通过减数分裂所产生的各种遗传重组为动、植物育种提供了新的变异来源，为生物界的复杂多样和进化提供了依据。

三、实验用品

1. 实验材料

油松、银杏、杨树等的雄花芽减数分裂永久制片，图 7-9 展示了银杏花粉母细胞的减数分裂过程，用于参考。

2. 实验器具

显微镜、实验报告纸、笔。

四、方法步骤

观察各时期的永久制片，掌握各时期的主要特征，选择各时期典型的细胞进行绘图。

五、思考题

1. 试述减数分裂各时期的主要特点。
2. 结合所观察到的减数分裂过程中染色体形态结构的变化，简述减数分裂哪些过程与遗传学有密切关系。
3. 镜下如何区分减数分裂的第一次分裂和第二次分裂？

实验八　植物花粉母细胞染色体制片技术

一、实验目的

掌握植物花粉母细胞减数分裂的取材、固定和染色体制片技术。

二、实验原理

观察植物的减数分裂，通常是以小孢子母细胞减数分裂为材料，也就是观察植物花粉的形成过程。每个小孢子母细胞经减数分裂(先后两次分裂)后，产生四个子细胞，每个子细胞(即小孢子)以后形成一个单核花粉。小孢子内细胞核的染色体数目减为一半，成为单倍体(n)。因此，只要在适当的时期采集植物的花蕾，经过固定处理，就可以进行涂片制作了。这种方法比较简易，制片后就可以在显微镜下观察到减数分裂过程。

三、实验用品

1. 实验材料

经过固定的油松、银杏的雄花芽及玉米雄花穗。

2. 实验器具

显微镜、解剖针、载玻片、盖玻片、纱布、吸水纸、镊子、培养皿、烧杯、量筒、试剂瓶。

3. 实验药品

冰醋酸、95%乙醇、洋红、碱性品红、苏木精、铁矾、水合氯醛、丙酸、石炭酸。

四、方法步骤

1. 准备工作

(1)载玻片和盖玻片的清洗

载玻片和盖玻片用前在2%的盐酸乙醇(95%乙醇100份，加盐酸2份)中浸泡几小时，取出后用流水冲洗干净，然后浸于95%乙醇中备用，实验使用时用镊子夹出，再用干净纱布、滤纸擦干。

(2)固定液的配制

卡诺氏(carnoys)固定液：用1份冰醋酸和3份无水乙醇配制而成。

(3)染色剂的酸制

①卡宝品红(carbol fushsin)或称石炭酸品红：这是国内目前应用比较广泛的一种优良的染色剂，配方如下：

原液 A：3 g 碱性品红(Baisc fushsin)溶于 100 mL 70%乙醇中(此液可长期保存)。

原液 B：取原液 A 10 mL，加入 90 mL 5%的石炭酸(苯酚)水溶液中(只能保存一周)。

原液 C：取原液 B 55 mL，加入冰醋酸和甲醛 6 mL(可长期保存)。

染色液：取原液 C 10~20 mL，加入 45%乙酸 80~90 mL，再加入 1 g 山梨醇(sorbital)。染色液配好后，放置 1~2 周后即可使用。一般可以保存两年。

②丙酸—水合氯醛—铁矾—苏木精染色液的配制：

A 液：称 2 g 苏木精溶于 100 mL 的 50%丙酸中。

B 液：称 0.5~1 g 铁矾溶于 100 mL 的 50%丙酸中。

将 A 液和 B 液按 1∶1 比例混合，每 5 mL 混合液中加 2 g 水合氯醛，存放 1 d 后使用。

③铁醋酸洋红染色液的配制：

45%的醋酸 100 mL，加入 1~2 g 洋红(carmine)煮沸，冷却后过滤。然后加入 1%~2%铁明矾水溶液 5~10 滴，或者可放入 1 个小铁钉，1 min 后取出。加入铁质有利于染色，但铁质过量，则会产生沉淀。此液可长期保存备用，常用于植物细胞染色，对花粉母细胞效果更佳。

2. 操作步骤

(1)取材与固定

观察植物的减数分裂通常就是观察植物花粉形成的过程。由于不同种、不同地区的各种植物生长发育规律有着很大的差别，因此，取材时就不可能有统一的时间和标准。一般要在掌握所用材料生长节律和物候习性的基础上，适时正确地取材，才能获得理想实验材料。现仅以油松、银杏和玉米为例。

银杏：银杏是雌雄异株，春天开花。但开花日期随当年气温变化常有一定变化。以北京地区为例，一般开花日期大致在 3 月中旬，即 3 月 10 日至 3 月 20 日。取材时应注意当年的气温，以决定采样日期。从形态指标来看，应从 3 月上旬开始，注意观察雄球花的颜色，等由嫩绿开始向浅黄色转变时，就应及时采样检查和固定；或者待整个球花端部微微开裂时，便将雄球花枝剪下，放入室内水培，每日取样检查，一旦减数分裂开始便及时固定。固定后的材料应在 1~2 d 内实验观察，若拖后观察，则不易获得理想结果。若要较长时间保存，则转至 95%乙醇中。

油松：北方各地油松花期在四月中旬。随年份不同稍有提前或推后。油松的雄球花聚集成簇，孢子囊成熟散粉时，球花呈黄色。采样则应在 4 月中旬以前。从 4 月初开始检查，待球花由绿泛黄时，及时采集整个球花固定待用。

玉米：玉米植株在喇叭口期前一周(8 月上中旬)，即达到减数分裂期。这时用手指由喇叭口顺序向下捏挤叶鞘，至有松软感觉时，即是雄花序所在部位。用刀片纵向划一口，取出数条花序分枝进行检查。一般小花苞长 4~6 mm 时，其花药可达 2~3 mm，此时花粉母细胞分裂较多。取材时间以上午 7:00~10:00 为宜，取材后立即固定。

取好的材料要立即放入已经配好的卡诺溶液中，固定 2~24 h。固定的目的是利用化学药品将活细胞迅速杀死，以保持染色体的固有形态和结构。如果长期保存，通常将固定材料保存在 70%乙醇中，置于冰箱内贮存。

(2) 染色制片

先将小花或玉米雄穗分枝置于培养皿内，加入少许固定液以防风干。然后用解剖针从小花内挑出花药 2 个。先置于吸水纸上，再放到载玻片上。用清洁刀片压在花药上向一端抹去，涂成薄层，然后滴 1 滴染色液；也可以先在花药上滴上染色液，然后用镊子把花药镊碎，去掉肉眼见得到的残渣，加一滴染色液，注意切勿加多；还可先加染色液再用针头横切花药，再轻压，挤出花粉母细胞，随即用镊子把所有药壁残渣捡干净，以免防碍观察。最后，用针轻轻捣散成堆的花粉母细胞。至此，便可在低倍镜下初步检查，若发现有所要观察时期的细胞，则立即加上盖玻片。加盖玻片后轻轻加压，使其盖平，再用吸水纸吸去多余的染色液，或包被吸水纸用大姆指匀力压片，或用铅笔的橡皮头垂直轻敲。为了加深染色，可把载玻片平放在酒精灯火焰上来回摆动几次，使之略作加热。盖上玻片后就不要来回移动。

(3) 镜检

染色制片完成后，便可及时镜检观察，先在低倍镜下寻找花粉母细胞，一般花粉母细胞较大、圆形或扁圆形，细胞核大，着色较浅。而一些形状较小，整齐一致着色较深的细胞是药壁体细胞，一些形状略呈扇形处于中间的是从四分体脱开后的小孢子或幼小花粉粒。如形状较大，内部较透明并具有明显外壳的细胞则是成熟的花粉粒。一旦观察到良好的分裂细胞，则换高倍镜仔细观察减数分裂各时期染色体的行为和特征。必要时用绘图细笔在细胞边加一小黑点，然后取下制片，在其反面的载玻片上黑点周围画一圆圈以作标记。至此，整个制片和观察过程便全部完成。

五、作业

每人至少做 2 张良好的制片，尽量找到中期 I 的分裂相。

六、思考题

1. 试述植物从花粉母细胞到成熟花粉粒的发育过程。
2. 简述单核小孢子与花粉母细胞的区别。
3. 本实验中用醋酸洋红染色时，为什么一定要进行火烤？在加热制片过程中，细胞的颜色上有何变化？

实验九　有丝分裂

一、实验目的

学习醋酸洋红染色法和酶液解离染色法两种观察植物细胞有丝分裂的操作方法，观察植物根尖或茎尖分生细胞有丝分裂各个时期染色体的变化特征和中期染色体的形态及数目。

二、实验原理

有丝分裂是生物体细胞增殖的主要方式。在有丝分裂过程中，细胞核内染色体能准确地复制，并能有规律地、均匀地分配到两个子细胞中去，使子细胞遗传组成与母细胞完全一样，从而可以推断生物性状的遗传与染色体的准确复制和均等分配有关，支配生物性状的遗传物质主要存在于细胞核内的染色体上。

细胞有丝分裂是一个连续过程，可分为前期、中期、后期和末期。有丝分裂在整个细胞周期中约占10%的时间，而其余大部分时间是处于细胞连续两次分裂之间的间期。有丝分裂时期染色体变化的特征简述如下。

前期：核内染色质逐渐浓缩为细长而卷曲的染色体，每一染色体含有两个染色单体，它们具有一个共同的着丝点；核仁和核膜逐渐模糊不明显。

中期：核仁和核膜逐渐消失，各染色体排列在赤道板上，从两极出现纺缍丝，分别与各染色体的着丝点相连，形成纺锤体。在中期染色体呈分散状态，便于鉴别染色体的形态和数目。

后期：各染色体着丝点分裂为二，其每条染色单体也相应分开，并各自随着纺锤丝的收缩而移向两极，每边有一组染色体，其数目和原来的染色体数目相同。

末期：分开在两极的染色体各自组成新的细胞核，在细胞质中央赤道板处形成新的细胞壁、使细胞分裂为二，形成两个子细胞。这时细胞进入分裂间期。

间期：细胞分裂末期结束到下一次细胞分裂前期之间的一段时间。在光学显微镜下，看不到染色体，只看到均匀一致的细胞核及其中许多的染色质。实质上间期的核是处于高度活跃的生理生化的代谢阶段，为细胞继续分裂准备条件。

高等植物有丝分裂主要发生在根尖、茎生长点及幼叶等部位的分生组织。由于根尖取材容易，操作和鉴定方便，故一般采用根尖作为观察有丝分裂的材料。

可以用醋酸洋红染色和酶液解离染色两种方法操作。采用纤维素酶和果胶酶的混合酶液解离植物细胞，更便于观察染色体的形态特征和数目。

三、实验用品

1. 实验材料

蚕豆、刺槐、杨树等根尖或茎尖活体材料。

2. 实验器具

显微镜、酒精灯、培养皿、载玻片、盖玻片、镊子、刀片、解剖针、夹子、吸水纸、滤纸、标签、铅笔、水浴锅等。

3. 实验药品

无水乙醇、95%乙醇、80%乙醇、70%乙醇、1 mol/L 盐酸、1%醋酸洋红、卡诺氏(Carnoy's)固定液(1 份醋酸+3 份无水乙醇)、铁矾(硫酸亚铁)、秋水仙碱、对二氯苯、α-溴萘、8-羟基喹啉、碱性品红、冰醋酸、苯酚、福尔马林、山梨醇、纤维素酶、果胶酶、0.1 mol/L 醋酸钠、改良苯酚品红染色液等。

四、方法步骤

1. 准备工作

①0.01%~0.1%秋水仙碱溶液：先以少量95%乙醇将 1 g 秋水仙碱溶解，再加蒸馏水至 100 mL 配成 1%的母液，贮存于棕色瓶中，置冰箱内保存。需要时则可量取一定量的母液，按比例稀释即可。

②对二氯苯饱和水溶液：取 10 g 对二氯苯加蒸馏水 100 mL。

③0.002 mol/L 的 8-羟基喹啉水溶液：用分析天平称取 0.2901 g 8-羟基喹啉用蒸馏水定容于 1000 mL 容量瓶中，在 60 ℃下溶解后备用。

④0.1 mol/L 醋酸钠缓冲溶液(pH4.5)：称取 2.95 g 醋酸钠和 3.8 mL 冰醋酸，用蒸馏水定容至 1000 mL。

⑤1 mol/L 盐酸溶液：量取 8.3 mL 36%~38%的盐酸定容至 100 mL。

⑥酶液：称 2 g 纤维素酶和 0.5 g 果胶酶溶于 100 mL 0.1 mol/L 醋酸钠溶液中(pH4.5)，配成 2%纤维素酶和 0.5% 果胶酶的混合液。

2. 醋酸洋红染色法

(1)取材

选取蚕豆种子放在烧杯中(刺槐、小麦种子等可放在铺有吸水纸的培养皿内)，加入少量热水搅动 1~2 min，再倒进冷水使温度维持在 40~50 ℃，静置过夜，使种子充分吸涨后将水倒出，用蒸馏水清洗，然后捞出包在干净的双层湿纱布内，置于 25 ℃条件下，待种子开始萌动时取出，使胚根外露处向下插入到盛有水洗过的湿锯末搪瓷盘中，锯末可堆放至 1.5~3 cm 厚，保持温湿条件继续培养，当胚根长到 1.5~3 cm 时，用水洗净备用，用时切取根尖端部 2~3 mm 长即可。也可取杨树枝条扦插后培养出的根尖或茎尖作材料。

(2)预处理

为了获得中期分裂相较多的细胞，使染色体缩短、分散，便于压片观察，对剪下的根尖可采用下列任一方法进行预处理。

①冷冻处理：将根尖放入盛有蒸馏水的指形管中，置于冰水共存的冰瓶中，然后把冰

瓶放到 0~3 ℃的冰箱内处理 24h、染色体数较多的实验材料可适当延长时间，但需注意勿使材料结冰。

②药剂处理：预处理常用的药剂及其处理时间为：

a. 0.01%~0.2%秋水仙碱水溶液处理 2~4 h。

b. 对二氯苯饱和水溶液处理 3~4 h。

c. 100 mol/L 对二氯苯饱和水溶液加 1~2 滴 α-溴萘处理 3~4 h。

d. 0.002 mol/L 8-羟基喹啉处理 3~4 h。

用以上各种药剂处理时，应注意温度不要过高，以 10~15 ℃为宜。

(3) 固定

经过预处理的材料冲洗干净后，用卡诺氏固定液固定 24 h，经固定的材料若不立即使用，可置于 95%乙醇和 80%乙醇中各 0.5 h，再换到 70%乙醇中，置于 4 ℃下保存。如保存时间太长，需要重新固定后再用。

(4) 解离

固定的材料换蒸馏水中洗净，然后放入 1 mol/L 盐酸溶液中，在 60 ℃下解离 6~20 min，以便胞间层的果胶类物质解体，使细胞易于分散，便于压片。材料经解离后，用蒸馏水洗涤数次，将材料中的酸洗净，以便染色。

(5) 染色

用吸水纸将洗净的材料吸干，放入盛有 1%醋酸洋红染液的指形管中染色 2~4 h。若只作临时镜检观察，可直接将材料置于载玻片上，滴上 1 滴 1%醋酸洋红染色后压片。

(6) 制片

将盛有数条根尖和染色液的指形管用木夹夹住，在酒精灯上加热煮沸 3~5 次，使根尖软化着色。加热时要注意不断摇动试管，以防煮沸的染色液冲出试管。然后，把处理过的根尖倒入培养皿中，取根尖，置于载玻片上，切取根尖分生组织约 1.5 mm，加 1 滴醋酸洋红，盖上盖玻片，包被吸水纸吸干多余染色液，用手指轻压，再用铅笔的橡皮头垂直轻敲，敲时不要移动盖玻片。

(7) 镜检

先用低倍镜寻找有分裂相的细胞，随机统计 100 个细胞，确定处于不同的分裂时期的细胞百分率，然后用高倍镜仔细观察各时期染色体的行为和特征。

3. 酶液解离染色法

(1) 取材

方法同前。

(2) 预处理

将根尖浸入 0.002 mol/L 8-羟基喹啉溶液中，放置 1~4 h，水洗并经固定液固定后，保存于 70%乙醇中备用。

(3) 酶处理

0.1 mol/L 醋酸缓冲液洗根 2 次，转入 2%纤维素酶液中，置于 25 ℃温箱中处理 1~2 h，使根尖软化。

(4) 酸处理

再经 0.1 mol/L 醋酸缓冲液洗 2 次，在 60 ℃水浴锅中，用 0.1 mol/L 盐酸水解 2 min，

然后用45%醋酸清洗。

(5) 染色

取小段根尖放在洁净的载玻片上，滴数滴苯酚染色液，盖上盖玻片，用吸水纸吸干多余染色液，并以铅笔的橡皮头轻轻敲打，使细胞分散。

(6) 镜检

方法同前。

五、作业

1. 制作细胞有丝分裂各时期图像清晰的片子1~2张。
2. 根据所观察到的细胞有丝分裂过程中各时期的图像进行绘图，并简要说明染色体的形态特征。

六、思考题

1. 在你观察的视野里，哪个细胞分裂时期最多？
2. 为了便于观察有丝分裂过程，应该选择什么样的实验材料，为什么？
3. 根据自身的实验结果，总结一下本实验操作过程中有哪些注意事项？

附　永久片制作

一、实验目的

学习掌握将根尖(或茎尖)细胞压片和花粉母细胞临时涂片改成永久制片的制作方法。

二、实验原理

用植物根尖细胞压片或花粉母细胞涂抹制成的片子，如材料染色清晰、物像符合要求的，一般可用石蜡、甘油胶冻或指甲油将盖玻片的四周封固制成临时片，储于冰箱中，保存观察1周左右。但时间过长、物像收缩、颜色变深，将难以观察鉴别。因此，对一些需要长期保存的片子，必须制作永久片，以便进一步观察和研究。

永久片的制作程序包括脱去临时片的盖玻片、材料脱水、透明和封片。其中材料脱水干净和透明良好是制好永久片的关键。为此需选用适当的脱水剂和透明剂。目前较理想的脱水剂是正丁醇和叔丁醇，它们都能与最常用的脱水剂乙醇混合使用，并具有良好的透明效果，且能与封藏剂树胶混合，有利于封片，材料也不会发生收缩和硬化等问题。

三、实验用品

1. 实验材料

经镜检物像清晰的植物根尖、茎尖有丝分裂或花粉母细胞减数分裂的临时制片。

2. 实验器具

显微镜、冰箱、培养皿、刀片、解剖针、镊子、玻璃棒、纱布、毛笔、吸水纸、标签。

3. 实验药品

正丁醇、叔丁醇、95%乙醇、冰醋酸、二甲苯、中性树胶。

四、方法步骤

1. 一般永久片制作方法

(1)脱盖玻片

用刀片把临时片上盖玻片周围的石蜡刮净，用毛笔刷掉石蜡屑后，再蘸二甲苯少许擦去残留的石蜡，或用45%醋酸除去水溶的封藏剂。如刚制作的临时片，最好过几小时后再进行脱片。

把临时片翻转，盖玻片朝下，放入盛有脱盖玻片液(1份45%醋酸+1份95%乙醇)的培养皿(编号①)中，将载玻片的一端搁在短粗玻棒上，呈倾斜状，让盖玻片自然滑落。盖玻片脱落后2~3 min，分别取出盖玻片和载玻片，用吸水纸将玻片上的溶液吸干，注意不要触动载玻片上的材料。

(2)脱水、透明

取三只培养皿，分别编号②、③、④，在其中各放一根短粗玻棒，依次加入下列脱水剂。

②2份95%乙醇+1份正丁醇；

③1份95%乙醇+2份正丁醇；

④正丁醇。

操作时，用镊子把①号培养皿中已脱落的盖玻片和载玻片从脱盖玻片液中取出，稍干后迅速放入②号培养皿中，依次脱水、透明，最后放入④培养皿中，在各编号培养皿中分别浸泡5 min左右。

整个脱水过程中，必须保持载玻片和盖玻片原来相对的方向和位置，同时注意操作轻巧，以免造成玻片上材料漂失。

(3)封片

从④培养甲中取出载玻片和盖玻片置于滤纸上吸除多余的溶剂，在载玻片中央载有材料处滴上1~2滴中性树胶，将盖玻片盖回原来位置进行封片。

覆盖盖玻片时，要注意用镊子夹住盖玻片，轻缓地倾斜覆盖，使之随着树胶的扩展自然下滑，切不可施加压力或移动盖玻片。如发现封片中树胶有气泡，应让其自行逸出或用针尖烧热后烫一下，使其气泡逸出。如树胶滴得过多溢出盖玻片四周，应待树胶晾干后，用脱脂棉蘸二甲苯轻轻擦净。

封片后平放晾干，进行镜检，将物像清晰符合要求的片子保存，并贴上标签，注明标本名称、作者姓名和制作日期。

2. 叔丁醇法

将编号的4个培养皿依次加入下列脱水剂。

①1份45%冰醋酸+1份95%乙醇；

②95%叔丁醇；

③1 份 95% 乙醇+1 份叔丁醇；

④叔乙醇。

其他制片操作方法与上述的一般永久制片法相同。

3. 冷冻封片法

(1) 冷冻脱片

在染色体理想而未经蜡封的临时片的盖玻片四个角和载玻片上目的细胞附近做好标记，然后将临时片放在冰冻致冷器上或干冰中或冰箱的冷冻柜中或低温冷柜等能迅速致冷的器皿中，将临时片冻至结冰，立即用刀片将盖片揭开。

(2) 干燥

将分开的载玻片和盖玻片同时放入 37 ℃的温箱中烘干，然后在二甲苯中浸泡 10～20 min。

(3) 树胶封片

方法同一般永久制片封片。

实验十　人类性染色质的标本制作与观察

一、实验目的

通过人类性染色质的观察，学习有关异染色质、功能性异染色质、X 染色体失活等有关知识，学习性染色质制备、观察与分析的方法。

二、实验原理

人类的性染色质指的是间期细胞核中由性染色体形成的结构小体，有 X 染色质和 Y 染色质之分。

1. X 染色质

哺乳动物中，雌性个体有两条 X 染色体，雄性个体仅有一条 X 染色体，由于两性个体在 X 染色体数量上的差异，造成两性个体在 X 染色体上基因数量的差异，并最终导致基因产物的不相等。但实际上，除了性别的差异外，雌、雄个体在伴性基因所控制的其他性状上，并无本质区别，针对这一现象，Müller 于 1932 年提出了剂量补偿(dosage compensation)的观点，他认为可能存在着一种维持雌、雄两性生物基因表达的一致所特有的遗传机制，从而使具有两份基因的个体和具有一份基因的个体表现出相同表型。

1949 年，M. L. Barr 等人发现，在雌猫的间期神经细胞核膜边缘有一个可被碱性染料染色的小体，而雄猫没有。后来在人类女性口腔上皮细胞中，也发现了类似的结构，其出现频率女性为 13%~39%，男性为 0~2%。该小体约 1~1.5 μm，呈三角形或卵圆形，一个个体的间期细胞中的这种小体的数目是该个体的 X 染色体数目减一。经研究发现，该小体为间期失活的呈异固缩状态的 X 染色体，因此这个小体后被定名为 X 小体，也称巴氏小体，如图 10-1 所示。

X 小体的 DNA 复制要晚于其他染色体(属延迟复制)。一些学者认为 X 小体的出现使得具有两个 X 染色体的雌性个体与仅具有一个 X 染色体的雄性个体在遗传效应上基本一致，达到一种基因剂量补偿的结果。

20 世纪 60 年代初期，曾有许多学者对这一现象进行解释，其中解释较为完善的是 M. F. Lyon 于 1961 年提出的 Lyon 假说，其核心内容主要有：

①正常雌性个体的所有组织中(生殖细胞除外)，两条 X 染色体中有一条是失活的。

②同一个体的不同细胞内，失活的 X 染色体可能来自父方，也可能来自母方，由此可以推想，就不同 X 染色体失活而言雌性是个嵌合体。

③X 染色体的失活出现在雌性胚胎发育的早期，一旦某条 X 染色体失活后，在相继的细胞世代中，总是这条 X 染色体处于失活状态。

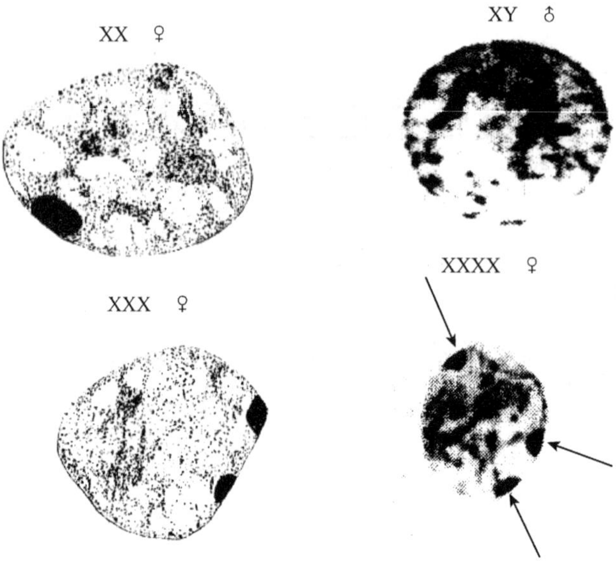

图 10-1 不同性染色体组成的人类 X 小体(巴氏小体)

不少学者支持这一假说，许多实验也都证明了它的正确性，但 X 染色体的失活是个比较复杂的生物学问题，目前对这一现象仍然存在着一些难以解释的疑点。例如，是否所有组织的全部细胞中，在任何时间都存在这种 X 小体；失活的 X 小体是如何进行复制的等等。虽然对 X 小体还存在着许多解释不清的地方，但目前 X 染色质的检查，在医学遗传学的研究中，在临床和法医诊断上还是有一定的实际意义的。

2. Y 染色质

1970 年，Pearson 等选用男性的口腔上皮细胞为材料，用荧光染料进行染色，发现在核内近中央处有一直径 0.25~0.5 μm 发荧光的圆形或椭圆形小体，而女性则没有。据认为该小体是由 Y 染色体长臂远端的异染色质区所形成，称为 Y 染色质，亦称 Y 小体。Y 小体在男性中的检出频率一般为 25%~50%。正常男性细胞可见一个 Y 染色质。实践中通过检查 Y 染色质，对性别的鉴定和 Y 染色体异常的诊断具有一定的意义。

三、实验用品

1. 实验材料

人类口腔黏膜细胞、人类发根毛囊细胞。

2. 实验器具

显微镜、荧光灯、水浴锅、无菌牙签、镊子、载玻片、盖玻片。

3. 实验药品

0.85%生理盐水、无水或 95%乙醇、乙醚、甲醇-冰醋酸(3∶1)固定 1 mol/L 盐酸、45%和 60%的醋酸、Macllvaine's 缓冲液(配方见附录)。硫堇染色液(以下染料配方均见附录)。0.2%甲苯胺蓝、改良石炭酸品红染色液、0.2%二盐酸喹吖因液。

四、方法步骤

1. X 染色质标本的制作

(1) 口腔黏膜细胞 X 染色质的标准制备

①取材：受检者漱口数次后，用无菌牙签刮取口腔部黏膜(第一次的刮取物弃去)，将刮取物涂于载片上，晾干。

②材料处理及染色：将涂片置于甲醇-冰醋酸(3∶1)固定液中处理 20 min，蒸馏水漂洗 2~3 min，于 37 ℃ 1 mol/L 盐酸中水解 20 min，用硫堇染液染色 10~20 min，蒸馏水漂洗后晾干，即可镜检，也可经脱水、透明后封片观察。

若染色过深可将制片放入 95%乙醇中分化 30 s 左右，如过浅，可再复染。

(**注意**：本材料也可用 0.2%甲苯胺蓝染色，除染色时间改为 1~2 min 外，其余操作同硫堇染液染色法。)

本材料还可用改良石炭酸品红染色：取材涂于载片上加一滴 60%醋酸解离 5 min，用滤纸吸去多余的醋酸，加改良石炭酸品红染色 2~3 min，盖上盖片，垫上滤纸，以拇指压片后镜检。

(2) 毛发根部毛囊细胞 X 染色质的标本制备

①取材：拔取受检者一根带有毛囊的头发，自基部截取 2 cm，置于载片上，在根部加一滴 45%醋酸溶液，酸解 5 min，待毛囊软化后，吸除多余的醋酸，用镊子将毛囊轻轻剥下，弃去发干。

②染色：加一滴改良石炭酸品红染液染色 2~3 min，盖上盖片，垫上滤纸，以拇指压片后镜检。

(**注意**：本材料酸解后，也可以用硫堇染液染色 10~20 min，或用 0.2%甲苯胺蓝染液染色 2~3 min，蒸馏水漂洗后晾干，即可镜检。)

2. Y 染色质的标本制作

(1) 取材

与 X 染色质标本制作的取材方法相同。

(2) 材料处理及染色

将制片放入乙醇-乙醚(1∶1)溶液中固定 20 min 至 12 h，然后移入 95%乙醇中约 30 min，空气干燥。将处理好的制片浸入 pH = 6 的 Macllvaine's 缓冲液中 5 min，再浸入 0.2%二盐酸喹吖因液(或 0.005%氮芥喹吖因液) 10 min。然后在缓冲液中分色 10 min。

(3) 用荧光显微镜观察

一般应将制备好的标本放于暗处，在 12~17 h 内镜检。

(**注意**：12 h 之前出现 Y 染色质的细胞很少，且小体不够明亮，而 17 h 后涂片开始褪色。)

五、思考题

1. 简述 X 染色质与 Y 染色质是如何形成的？
2. 在显微镜下分析 100 个可计数细胞，计算 X 染色质的出现概率。

3. 正常男性核型为 44+XY，而正常女性核型为 44+XX，请填表 10-1。

表 10-1　不同性别再现的人类染色体组成

编号	X 小体数目	性别表现	性染色体组成情况	体细胞染色体总数
1	0	正常男人		
2	0	有缺陷女人		
3	1	有缺陷男人		
4	1	正常女人		
5	2	有缺陷男人		
6	2	有缺陷女人		
7	3	有缺陷男人		
8	3	有缺陷女人		

实验十一　果蝇唾腺染色体标本的制备与观察

一、实验目的

掌握果蝇唾腺染色体(salivary gland chromosomes)的制片方法，观察并辨认果蝇唾腺染色体的形态结构。

二、实验原理

1881 年，意大利学者 E. G. Balbiani 在双翅目昆虫摇蚊(*chironomus*)的幼虫唾腺中，观察到一种巨大染色体。1933 年，美国学者 T. S. Painter 等在果蝇(*Drosophila melanogaster*)和其他蝇类的幼虫唾腺中也发现了这种巨大染色体，后来又发现，气管、肠和马氏管的细胞中也有这种巨大的染色体。

这种巨大染色体宽约为 5 μm，长约 400 μm，比一般体细胞的染色体长 100～200 倍，体积大 1000～2000 倍。唾腺细胞发育到一定阶段后就不再进行有丝分裂，而停止在分裂的间期，但细胞中的染色质丝却仍在不断地进行复制，这样就形成了含有千条以上(1000～4000 条)平行紧密排列的多线化的染色质丝拷贝，所以这种巨大染色体又称为多线染色体(图 11-1)。

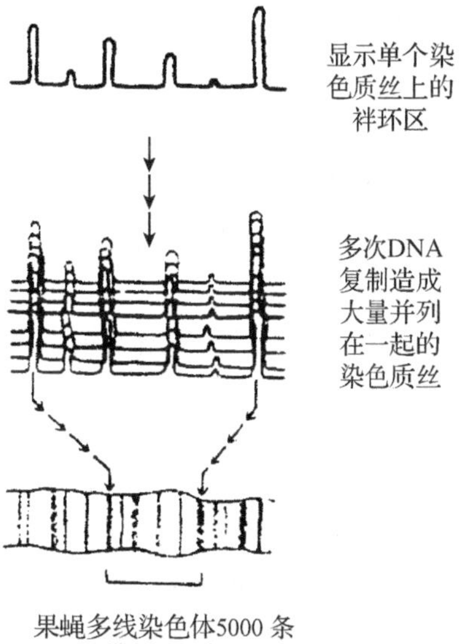

图 11-1　多线染色体上带的形成

多线染色体的同源染色体是以联会的状态存在于唾腺细胞中的，遗传学上称为“体联会”(somatic synapsis)。另外值得注意的是，唾腺染色体在染色后可出现深浅相间、宽窄不同的横纹，深者称作带(band)，浅者称为带间(interband)。据认为带的形成是由于在每条染色质丝上经一定间隔有一袢环区，多次的 DNA 复制造成大量染色质丝呈平行排列，袢环区亦整齐而致密地排列在一起而形成带(图 11-1)。在多线染色体上有 85%的 DNA 发布在带上，15%的 DNA 分布在带间。染色体上这些带纹的数目、排列顺序均有种属的特异性。在果蝇总基因组中，约有 5000 条带和 5000 条带间，学者们根据带的特点把果蝇的染色体分成 102 个区，每个区又分成 A～F 6 个亚区，每个亚区按排列顺序将带纹加以编号(1、2、3、……)。因此，利用果蝇唾腺染色体可以开展染色体结构变异方面的研究。

在幼虫发育的不同阶段，染色体的不同部位上会出现膨大的区域，称作疏松区

(pull)，又称膨泡和巴氏环(Bailbiani)(巴氏环为膨胀的更大而呈环状的膨泡)。这是由于带的位置上折叠的袢环松解的原故。据研究，染色体上的疏松区总处于动态变化之中，是遗传上的活跃区域，与基因转录有密切关系，是 RNA 合成的场所。不同发育阶段的幼虫同一组织中染色体上膨泡的数量和位置不同；同一发育阶段不同器官的染色体上膨泡的数量和位置也不同。因此，唾腺染色体成为研究基因表达与调控的理想材料。

果蝇 $2n=8$，4 对染色体中 2 对染色体为中部着丝粒，呈“V”字形；1 对染色体短小，呈点状，为端部着丝粒；另 1 对为性染色体(XX 或 YY)，X 染色体为端部着丝粒，呈棒状，Y 染色体为“J”字形。体联会时，所有染色体的着丝粒区(异染色质区)聚在一起，形成染色中心(chromocenter)。由于 Y 染色体主要由异染色质组成，因此几乎包含在染色中心内，所以理想的制片中，雌、雄果蝇的唾腺染色体均可显现 5 条长臂(X、2L、2R、3L、3R)和 1 条短臂(第 4 对呈点状的染色体)，从中央向四周呈放射状伸展的图像(图 11-2)，只是雄果蝇唾腺细胞中的 X 染色体臂比雌果蝇的稍细。

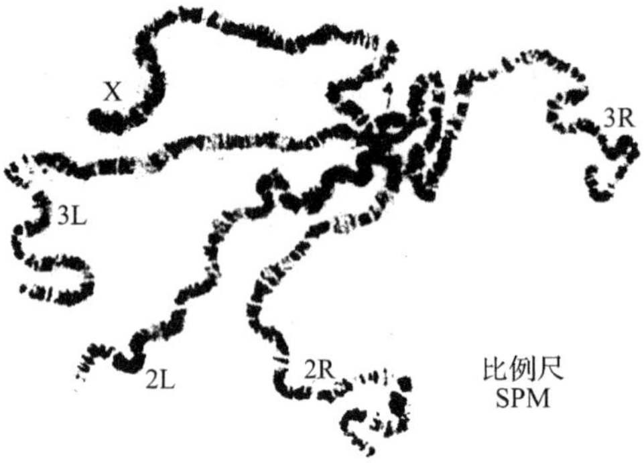

图 11-2　果蝇唾腺染色体

示五条长臂(X、2L、2R、3L、3R)和一条短臂(4)

三、实验用品

1. 实验材料

黑腹果蝇的三龄幼虫。

2. 实验器具

显微镜、双目实体解剖镜、载玻片、盖玻片、解剖针、烧杯、吸管。

3. 实验药品

0.7%生理盐水、5 mol/L 盐酸、蒸馏水、改良石炭酸品红。

四、方法步骤

1. 三龄幼虫的培养

肥大的幼虫是制成理想染色体制片的先决条件，为此，果蝇幼虫的培养应注意以下几个方面：

(1)配制良好的培养基

培养基要求营养丰富，含水量较高，可适当增加培养基中水的比例或降低琼脂的比例。另外还可多加些酵母粉，以使发酵良好。

(2)控制幼虫密度

一般 250 mL 的培养瓶接 10 对成虫即可，12 h 后移出成虫。

(3)补加酵母液

一龄幼虫出现后，可往培养基中补加 2%~4.5%的酵母水溶液，2~3 龄幼虫的时期，可再补加 10%的酵母液，每次滴加的量以覆盖在培养基表面薄薄一层为宜。

(4) 低温培养

将幼虫置于 15~20 ℃的条件下低温培养。

2. 唾腺的解剖

果蝇唾腺位于幼虫体前 1/4~1/3 处(图 11-3)。选取肥大、行动迟缓的三龄幼虫，放在载片上，加一滴生理盐水。在实体镜下，左手持解剖针按住幼虫的中部，右手持解剖针压住幼虫头部并向外拉(图 11-4)，随着头部脱离身体，可将一对呈半透明袋状的唾腺拉出，唾腺由单层细胞构成，往往和一些脂肪体相连(图 11-5)，可用解剖针将唾腺剥离干净。

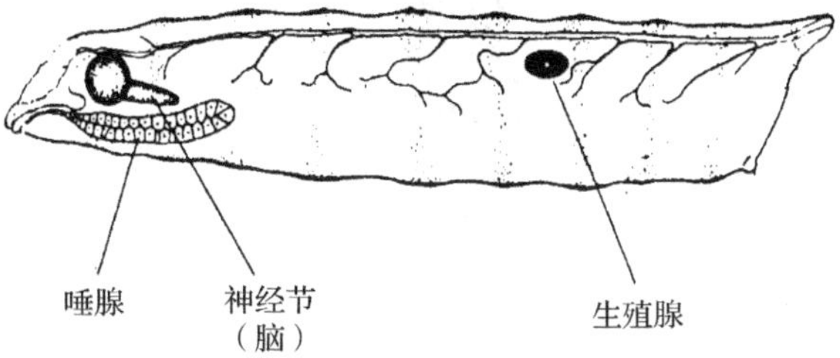

(a)

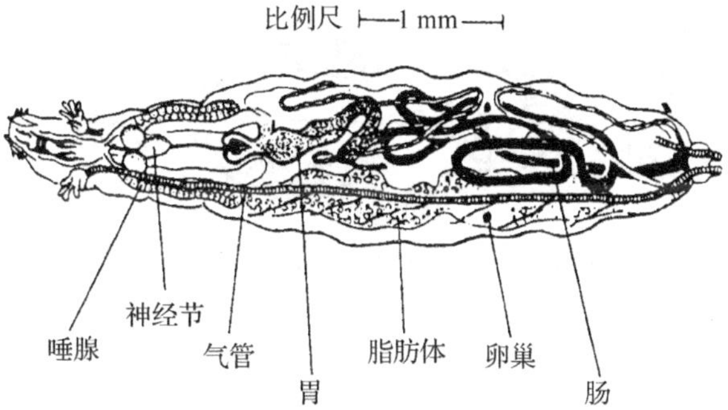

(b)

图 11-3　果蝇三龄幼虫的侧面(a)及正面图(b)

3. 酸处理

将果蝇唾腺置于载玻片上，吸净多余的生理盐水，加一滴 5 mol/L 盐酸处理 5~10 min，目的在于松软组织和利于着色。

4. 水洗

吸去多余的盐酸，在载片上用蒸馏水冲洗多次。

5. 染色及压片

吸净水分后，在唾腺上加一滴改良石炭酸品红，染色 10 min 左右。当腺体被染成红色后，即可盖上盖片进行压片，压片力度要适当，既要使染色体分散，又不致将染色体压碎。

6. 永久片的制作

将理想的临时片扣置于 70%乙醇中(垫起载片的一端)，令其盖片自行脱落。然后经 95%乙醇、纯乙醇脱水各 3~5 min，再经二甲苯透明 3~5 min，最后封片。

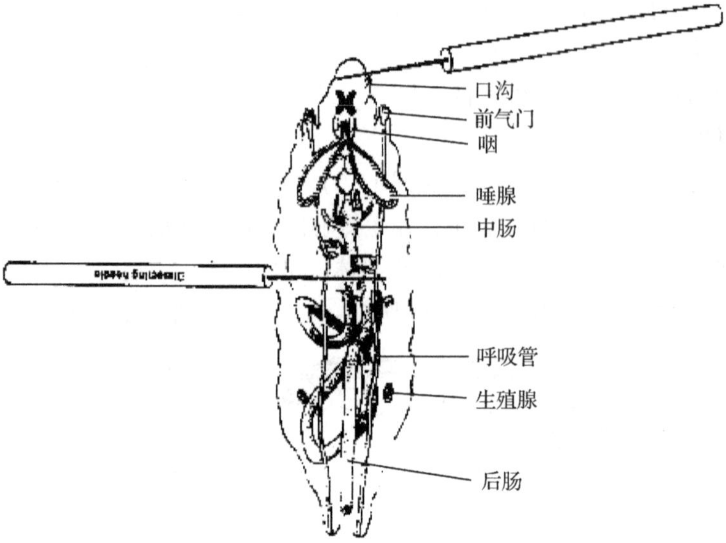

图 11-4　果蝇幼虫解剖图

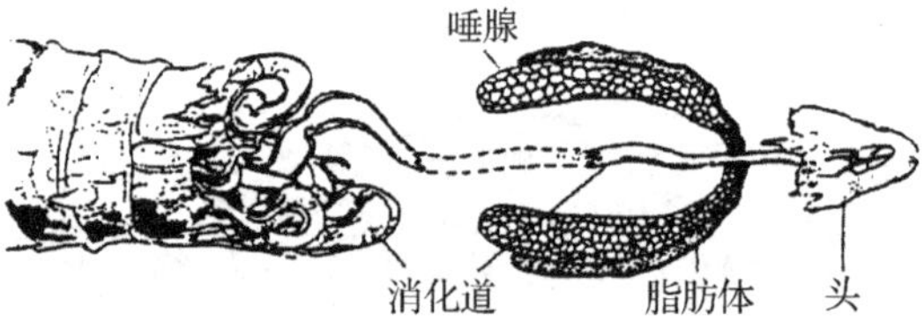

图 11-5　果蝇唾腺染色体的分离

五、作业

每人至少上交 1 张合格的制片，并绘制唾腺染色体图。

六、思考题

1. 试述果蝇唾腺染色体多线性的原因。
2. 试述果蝇唾腺染色体带的形成及其在遗传研究上的意义。
3. 总结果蝇唾腺染色体的特点。

实验十二　染色体分带

一、实验目的

掌握植物染色体 Giemsa 分带技术及染色体带型的分析方法。

二、实验原理

染色体分带或显带(chromosome banding)，有时也称为染色体分染(differential staining of chromosome)是借助特殊的处理方法，再用染料对染色体进行分化染色，使其呈现深浅不同的染色带(banding)的一项细胞化学技术。

常规的染色体制片，一般只能显示染色体的外部形态特征，在核型分析中，要准确地识别染色体的每个成员及其结构特征，往往有一定困难，染色体显带技术的创立，为染色体的精确鉴别提供了一条崭新的途径。从事植物染色体分带研究的先导是 Darlinton 和 La Cour，他们早在 1938 年发现，将重楼(*Paris*)和延龄草(*Trillium*)的根尖在低温(3~7 ℃)下冷冻 48 h 后，再按常规方法固定、染色、压片，发现染色体显示出深浅不同的染色区，常染色质深染，异染色质浅染，由于这种带是经冷冻处理而产生的，所以称为“冷诱导带”(cold-induced bands)。1956 年，yamasaki 用杓兰(*Cypripedium debile*)的根尖不经固定，直接用 1 mol/L 盐酸与 45%乙酸以 2∶1 的比例配制的溶液在 60~80 ℃的温度下处理一定时间，再经醋酸洋红或醋酸地衣红染色，染色体可以显示出一些深浅不同的带纹，被命名为“盐酸—带”(hydrochlorid acid bands，Hy-Bands)。瑞典的细胞化学家 T. Caspersson 于 1968 年、1969 年采用连接有烷基化基团的荧光染料芥子喹吖因(quinacrine mustard，QM)对中国仓鼠和蚕豆染色体进行染色，在荧光显微镜下均观察到了明暗不同的荧光带，并且发现荧光带型在不同的染色体上表现了特异性，随后，用同样的方法在人类和其他植物材料上进行尝试，也均能显示特异性的荧光带。1971 年，在巴黎会议上该方法被确认为是一种极有价值的染色体显带新技术，即 Q-分带技术。1970 年，Pardne 与 Gall 在进行 DNA-RNA 原位杂交时发现，小鼠染色体经一定的化学处理再用 Giemsa 染色，可使着丝粒区、端粒等异染色质区强烈地着色，随后，经过了许多学者的不断改进和完善，即为至今应用最为广泛的 C 带技术。1973 年，该技术引入植物的染色体分带(constitutive heterochromatin bands)。Matstti 等将空气干燥的人类染色体制片，用特殊的化学物质于高温处理后，用 Giemsa 染色，发现染色体上的核仁组织区(NOR)为 Giemsa 深染，该方法称为 N 带(nucleolar organizing region bands)技术。

由于 C 带和 N 带的显带采用的是 Giemsa 染料进行分化染色，而 Q 带显带需采用荧光染料进行分化染色，又必须有荧光显微镜的配备，而且制片又不能长期保存，所以 C 带和 N 带的显带方法较 Q 带的显示具较多优点。为此本实验重点介绍 C 带和 N 带的显带方法。

关于 C 带显带的机理，说法不一，最初 Pardue 和 Gall(1970)用 DNA 变性(denaturation)和复性(tenaturation)来解释 C 带显示的机理。由于染色体的结构异染色质区是高度重复的DNA 序列，用碱溶液处理染色体使其变性，再以 SSC 溶液使其复性时，则高度重复的DNA 序列的复性要快于 其他部分，用 Giemsa 染色时，就产生了分化染色反应(differential staining reaction)。后来，Comings 发现长时间的 SSC 溶液处理也引起 DNA 变性，故他认为C 带技术中 SSC 溶液长时间的处理，实际上也是变性-复性-再变性的过程。因此，简单地用变性、复性解释显带，不能圆满地说明分带机制。Burkholder(1975)进行电镜观察发现碱溶液处理可以使非 C 带区(常染色质区)的 DNA 优先被抽提，C 带区(异染色质区)的DNA 则对抽提有较大的抗性，用 Giemsa 处理则呈现分化染色。另外，Comings (1975)研究了染料与染色体上的 DNA、蛋白质的关系，认为盐或热处理会破坏染色体上非组蛋白质的三级结构，变性后的非组蛋白会更牢固地盖在 DNA 的磷酸根上，如果染色体上某些区段的磷酸根被蛋白质覆盖，那么就妨碍了染料分子的结合，染色必然浅。

N 分带技术可有效地用于识别染色体的核仁组织中心。由于核仁组织中心通常含有编码 RNA 的核糖体顺反子(ribosomal cistron)，故有人认为 N 带可能代表着与真核生物核糖体基因有关的某种结构成分。除此之外，N 带还可显示次缢痕、随体、着丝粒、端粒和其他一些异染色质区段。在对大麦、小麦等染色体分带时，N 带能显示与 C 带近似的带纹。

同一物种染色体带的数目、部位、宽窄与浓淡具有相对稳定性，这样在染色体的鉴定中，除形态指标之外又增添了一种较为稳定可靠的标志。此外，染色体带型的多样性反映了染色体本身的复杂性，通过对分带机理深入研究，可以揭示染色体在组成成分、结构、功能、行为等方面的许多奥秘。因此，无论在细胞学、遗传学的理论研究领域中，或在遗传疾病的诊断、植物育种等方面，染色体分带的方法均不失为一种重要的技术手段。

三、实验用品

1. 实验材料

小麦、大麦种子。

2. 实验器具

光学显微镜、恒温水浴锅、温度计、染液缸、培养皿、滤纸、小瓶、镊子、刀片、载玻片、盖玻片。

3. 实验药品

0.05%秋水仙素溶液、卡诺氏固定液、1%醋酸洋红染液、45%醋酸、液氮、纯乙醇、0.2 mol/L HCl、1%、5%的饱和 $Ba(OH)_2$ 溶液、2×SSC、Giemsa 染液、1 mol/L NaH_2PO_4。

四、方法步骤

植物染色体分带。

1. 染色体制片

(1)种子发芽

按常规程序进行种子发芽，待根长至 1 cm 左右时剪根。

(2)预处理

0~4 ℃冰水处理 24 h 或用 0.05%秋水仙素溶液处理 3 h 左右(分带效果最佳)。

(3) 固定

用卡诺氏固定液室温固定 2~24 h，0~4 ℃可保存数周。

(4) 解离

1%的醋酸洋红处理 1~2 h(染料中的醋酸有解离作用)。有相差显微镜的实验室可直接用 45%醋酸解离后压片。

(5) 压片

在 45%醋酸溶液中按常规方法进行压片。

(6) 揭片

液氮冷冻揭片，空气干燥。

2. C 带程序

以下各步均在染色缸中进行。

①染色体制片干燥后，放在纯乙醇中过夜。

②0.2 mol/L 60 ℃的热盐酸处理 2.5 min。

③蒸馏水冲洗。

④用饱和 $Ba(OH)_2$ 溶液室温下处理 7 min。

⑤水洗：制片先用自来水流水冲洗 30 min，而后用蒸馏水至少冲洗 3 次。由于 $Ba(OH)_2$ 接触空气易形成不溶于水的碳酸钡膜而污染制片，所以水洗的步骤十分关键。

⑥盐溶液处理：用预热至 60~65 ℃(小麦和玉米为 52~58 ℃)的 2×SSC 盐溶液(配制方法详见附录)处理 1 h(严格计时)。

⑦染色：用 pH=7.2 的磷酸缓冲液与 Giemsa 原液以 1∶10 的比例混合配制成染液，进行扣染，具体方法是在一块洁净的玻璃板上，按载片的大小平放两种牙签或火柴棍，将制片有细胞的一面倒扣在牙签上，然后在载片与玻璃的间隙中滴加染料。染色 10~30 min，染完色后，将制片用蒸馏水冲洗干净，最后进行镜检(图 12-1、图 12-2)。

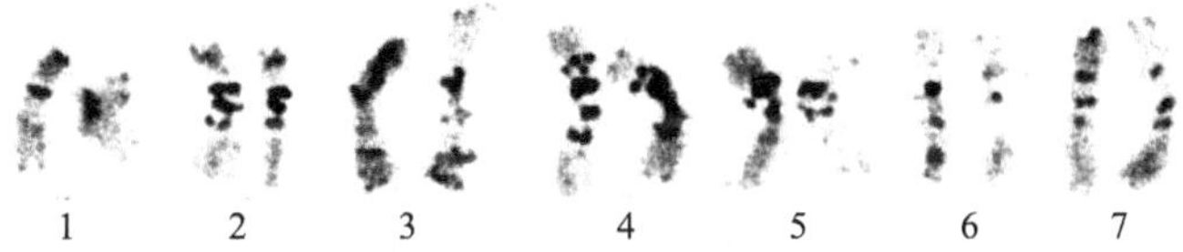

图 12-1 大麦根尖染色体 C 带($2n=2X=14$)

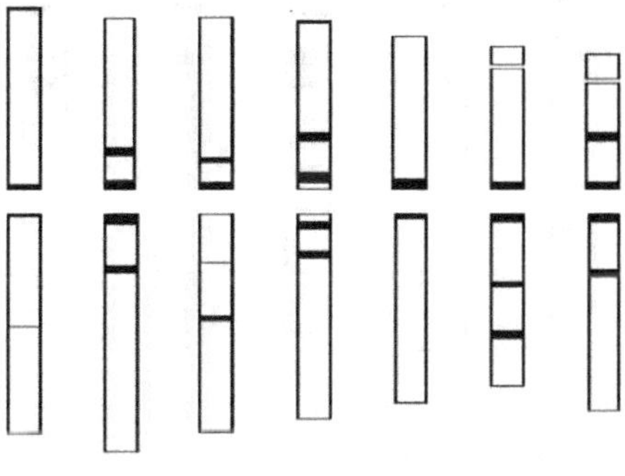

图 12-2 大麦染色体 C 带模式图

3. N 带程序

制片方法同前面介绍。

①制备的制片揭片后放入 45%醋酸中于 50 ℃温育 10 min。

②转入 95%乙醇室温 10 min。

③空气干燥过夜。

④干燥的制片在 1mol/L 的 Na_2HPO_4 溶液中于 94~96 ℃水浴中处理 8~10 min。

⑤水冲洗，空气干燥。

⑥用 pH=6.8 的磷酸缓冲液与 Giemsa 原液以 1：10 的比例混合配制成染液，染色方法同上。

⑦自来水冲洗，晾干。

⑧无须盖片直接观察，有好的标本时可再封片。

图 12-3 和图 12-4 为大麦染色体 N 带及模式图。

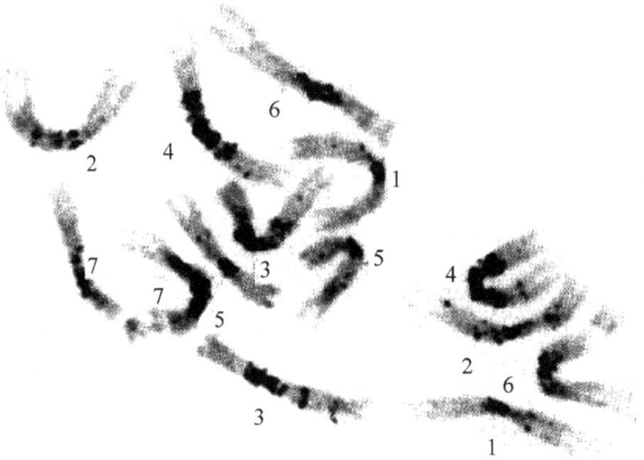

图 12-3　大麦根尖染色体 N 带(2n=2X=14)

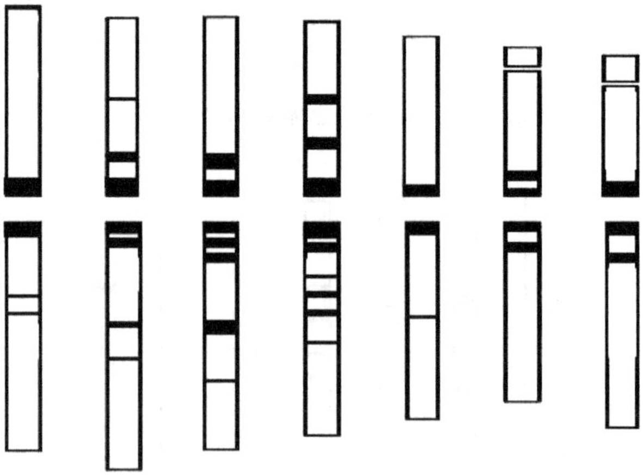

图 12-4　大麦染色体 N 带模式图(按短臂长度由长到短排列)

4. 观察与作图

将制备好的 C 带染色体标本置于低倍镜下观察，选择分散好，完整的中期分裂相转换高倍镜观察，并作图显示 C 带带型。

五、思考题

1. 染色体分带技术在遗传学的研究中有什么意义?
2. 什么叫 C 显带? C 带显示的原理都有哪些解释?
3. 在 C 带染色体标本制作过程中，应注意哪些问题?
4. C 带与 N 带分别有何显带特征?
5. Giemsa 染色分带有哪些优点?
6. 用 $Ba(OH)_2$ 溶液处理为什么要用水洗?

实验十三　染色体的组型分析

一、实验目的

通过对染色体照片的剪贴排列，学习染色体核型分析的基本方法。

二、实验原理

染色体是遗传物质的载体，生物的遗传、变异繁殖、发育都受染色体的控制和制约。不同生物有着不同的染色体数和不同的染色体形态特征。染色体组型(Karyotype)主要是指有丝分裂中期的染色体数目及其各种特征的总和。对不同生物的染色体组型的各种特征进行定性和定量的分析研究，称为染色体组型分析。

染色体的组型分析在研究遗传疾病的机理和临床诊断、判断分析物种间的亲缘关系、揭示物种起源进化过程的遗传机制、分析生物物种染色体数目和结构变异、对远缘杂种进行鉴定以及对单个染色体进行识别等方面均有着重要的作用。

染色体组型分析的方法很多，现仅介绍依据染色体的形态特征来进行组型分析的方法。这种方法的具体做法是在观察统计染色体数目和测量有丝分裂中期染色体的基础上，根据染色体的大小、形态、着丝粒位置、随体有无等来进行分组、排队和配对。组型分析之所以选用中期染色体进行分析是由于中期的染色体已充分缩短且比较稳定。

在染色体计数时，一般需统计 5~10 个个体，30 个细胞以上，计数时若 85%以上的细胞具有恒定一致染色体数，即可确定为该种生物的染色体数目。保证一定的个体和细胞的数目，将会大大提高计数的准确性。

测量染色体所得到的染色体长度分实际长度(或称绝对长度)和相对长度，实际长度只有在一定条件下才有比较价值，在核型分析中一般采用相对长度，相对长度是指某一染色体长度占单倍体染色体总长度的百分数，计算相对长度值的方法可采用 Levan(1964)的公式：相对长度(%)=(某一条染色体长度/单倍染色体总长)×100(精确至 0.01)，在人和动物的核型分析中，单倍染色体总长一般包括 X 染色体的长，即单倍染色体总长=单倍常染色体总长+X 染色体的长度。相对长度的选用可排除染色体缩短程度的不同或取用的细胞不同而产生的误差。

在染色体计数、测量之后需进行染色体的分类，Levan 等(1964)提出根据臂比值(臂比值=长臂/(短臂+随体)的大小进行分类的方法(表 13-1)。

染色体组型分析中仅仅依靠形态特征来进行分析，难免产生人为的误差，有一定局限性，将染色体带型特征引入染色体的组型分析，可大大提高组型分析的精确性和可靠性(染色体分带原理和技术详见实验十二)。

表 13-1　染色体分类

臂比值	着丝粒位置	染色体命名(简称)
1.00	正中着丝粒	M
1.01~1.70	中部着丝粒区	m
1.71~3.00	亚中部着丝粒区	Sm
3.01~7.00	亚端总着丝粒区	St
7.00 以上	端部着丝粒区	t
∞	端部着丝粒点	T

三、实验用品

1. 实验材料

大麦根尖细胞有丝分裂中期相的显微放大照片。

2. 实验器具

剪刀、尺子、计算器、胶水。

四、方法步骤

1. 染色体计数

选取 5~10 个个体，30 个以上(越多越好)染色体分散良好的中期相，计数大麦染色体的数目。

2. 染色体的测量与计算

在显微摄影的放大照片中，选 10~20 个(有时需 30~50 个)染色体平直、收缩适中、染色体分散、着丝粒清楚的中期细胞，用精密毫米尺分别测量每个中期细胞的各条染色体的长臂、短臂和随体，并做记录。

实际长度(μm)= 放大照片上的染色体长度/放大倍数

3. 染色体分类和排序

根据以上的测量数值，先计算出每个细胞中各条染色体的全长、相对长度、臂比值，在这些数据的基础上对每个细胞中的染色体进行由长至短的顺序分类，如果两条染色体长度相等，则按短臂的长度由长至短排列。具随体染色体一般排在最后，顺序也是从长到短。

4. 配对

根据染色体的长度、着丝粒位置、臂比值、随体的有无等，通过目测，进行同源染色体的配对。

5. 计算平均值

计算出全部细胞的同一序号染色体所有指标的平均值，填入表 13-2 中。

表 13-2 染色体组数据表(单倍染色体总长度=μm)

序号	长臂	短臂	随体	全长	相对长度	臂比值	染色体分类
1							
2							
3							
⋮							
n							

6. 综合描述

说明供试材料的名称；染色体总数；写出其染色体组型公式，如蚕豆的染色体组型公式为 $2n=10t+2m$(SAT)；染色体的大小；染色体组型的分类。

染色体大小的确定：规定 1 μm 以下的为极小染色体；1~4 μm 的为小染色体；4~12 μm 的为中染色体；12 μm 以上的为大染色体。

染色体组型的分类，即核型的分类。同一核型中染色体相对大小不一，一般可根据核型中染色体臂比值的大小以及它们所具有的数目比例而划分。全部由 m 染色体组成的，称为对称组型；大多数由 m 染色体组成的，称为基本对称组型；大多数由 sm 和 st 组成的，称为基本不对称组型；由 st 组成的，称为不对称组型。

7. 制作核型图

选择一个最理想的中期相照片，根据染色体全长等各项指标进行分类、排序和配对，而后进行剪贴，要求短臂向上，长臂向下，着丝粒在同一直线上，并附贴一张同一分裂相的中期图像(图 13-1)。

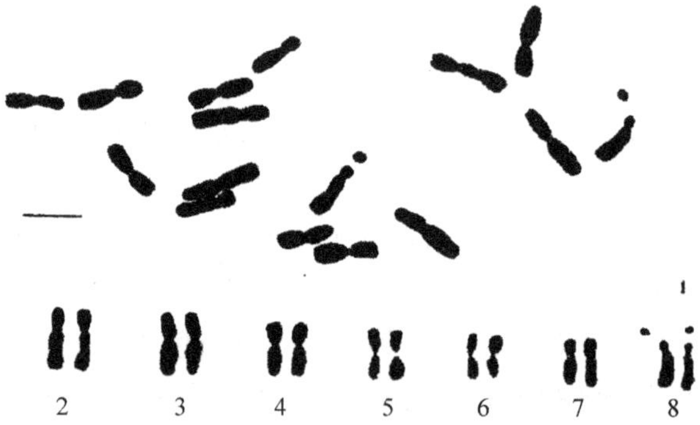

图 13-1 大葱($2n=2X=16$)染色体图像及染色体核型图

(具随体的染色体排在最后)

8. 绘制组型模式图

按照计算出的各项指标的平均值，把每条染色体画下来。各染色体依横坐标方向按从长到短的序号排列，具随体的染色体排在最后。短臂在上，长臂在下。染色体宽 0.5 cm，相互间隔 0.5 cm。着丝点一律位于纵座标 0 处，占用 0.4 cm。副缢痕 0.2 cm(图 13-2)。

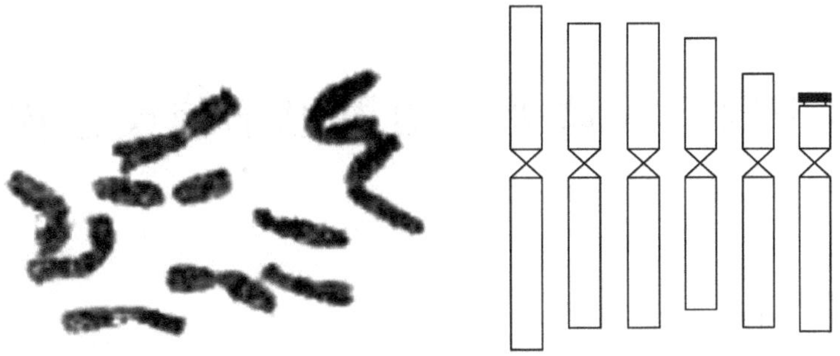

图 13-2　芍药($2n=2X=10$)染色体图像及组型模式图(染色体从长至短排列)

五、思考题

1. 进行核型分析有何意义？
2. 核型分析包括哪些分析指标？
3. 以形态指标为依据的核型分析方法有什么缺陷？用什么方法可以补救？

实验十四　人体外周血淋巴细胞染色体制备

一、实验目的

掌握人体外周血细胞培养和淋巴细胞染色体制备的方法。

二、实验原理

染色体是细胞核中的遗传物质的载体，它通常在特定的形态、结构和数目上具有相对稳定性。在人类生存的环境中，各种内、外环境因素的影响，往往会导致人类染色体在结构、数目上发生改变，从而引发各种遗传疾病的出现，因此人类必须不断地对遗传疾病的机理、传递规律及防治办法等方面进行探讨。为了开展这些方面的研究，制备人类染色体的标本，尤其是获得具有形态和大小，且轮廓结构最为典型的有丝分裂中期相是首当其冲的任务。

在人类染色体的研究中，首先针对染色体的数目进行了许多探索，1923 年，T. Painter 提出人类染色体数目 $2n=48$，这一错误的结论维持了 30 多年。1952 年，美籍华人徐道觉发现低渗可以使细胞膨胀，染色体分散。1956 年，另一位美籍华人蒋有兴和 Leran 等在染色体制片中利用了可以破坏纺缍丝使细胞分裂停止在中期的秋水仙素，在选用人肺等材料的染色体标本制备中，首次发现人类染色体数目为 $2n=46$，从而否定了维持多年的结论，这一发现成为人类细胞遗传学大规模发展的起点，为此蒋有兴获得了美国肯尼迪国际奖。

原则上讲，人体所有处在旺盛分裂的细胞群和体外培养的旺盛分裂细胞群都可以用来制备染色体标本，常用的材料有外周血淋巴细胞、骨髓细胞、胸腹水细胞、羊水细胞、性腺活检细胞、胎儿绒毛组织、实体瘤组织，以及皮肤、肝、肾等组织，这些材料多数需在体外进行适当培养，才能获得旺盛分裂的细胞群体。实践上由于外周血淋巴细胞容易获得，体外培养也较简单，在制备人类染色体标本时，外周血淋巴细胞常作为首选材料。

外周血的成分包括红细胞、血小板和白细胞。前两种成分在体外不能进行培养，白细胞中的小淋巴细胞在体外可以成活，但通常处在 G_1 期或 G_0 期，不能进行细胞分裂。1960 年 Nowell 等在标本制备中，发现植物凝集素(简称 PHA)可以使处于 G_1 或 G_0 期的小淋巴细胞转化为淋巴母细胞，从而进入分裂期。1960 年，Moorhead 和 Levan 等在综合了各项新技术，建立了人类外周血淋巴细胞染色体制备的一套较为规范的方法，加上 Rothrels 等于 1958 年建立的气干法制片技术，使人类和哺乳动物染色体的技术更加完善。但是这个方法要从静脉血中分离白细胞，因而需要的血量多，每次培养需用血 5~10 mL。1963 年，学者们改进了原有的实验方法，采用了无须进行白细胞分离的微量全血培养技术，每次培养只需用血 0.2~0.3 mL，不仅大大减少了血的用量，同时在方法上也简便了许多。

三、实验用品

1. 实验材料

静脉血。

2. 实验器具

显微镜、天平、隔水式恒温箱、超净工作台、高压蒸汽灭菌锅、离心机、真空泵 G_6 玻璃除菌滤器、注射器(1 mL、2 mL 并配 5 号针头)、培养瓶(15～25 mL)或青霉素小瓶(注射器和培养瓶需高压灭菌 1 kg/cm^2 20 min) 5 mL 离心管、吸管、载玻片等。

3. 实验药品

(1)RPM1 1640 培养基。

(2)细胞繁殖促进剂——小牛血清(需经 56 ℃水浴灭活)。

(3)肝素(需高压灭菌)。

(4)植物血凝素(PHA)。

(5)氨苄青霉素(1 万单位/mL)。

(6)链霉素(1 万单位/mL)。

(7)秋水仙碱(5 μg/mL)。

(8)0. 075 mol/L 氯化钾。

(9)固定液(甲醇：冰醋酸=3：1)。

(10)5%碳酸氢钠(灭菌)。

(11)0. 85%生理盐水(灭菌)。

(12)1/15 mol/L 磷酸缓冲液(PBS)pH=6. 8(详见附录)。

(13)Giemsa 原液 1%～3%。

四、方法步骤

1. 外周血培养液

配制方法参见附录。

2. 采血

用 75%乙醇消毒皮肤后，静脉取血 0. 2～0. 3 mL(注射器用肝素湿润)，在无菌条件下立即放入装有 5 mL 培养液的培养瓶中，加盖混匀。

3. 培养

于 37 ℃±0. 5 ℃条件下培养 72 h。培养期间经常摇动培养瓶，以防细胞沉底。

4. 秋水仙素处理

在收获细胞前 2～3 h，用 5 号针头加入秋水仙素溶液 2 滴(终浓度为 0. 05 μg/mL)，以获得较多的中期分裂相。

5. 低渗处理

将培养物倒入离心管，1000 r/min 离心 10 min，弃上清，加 4 mL 预温(37 ℃)的 0. 075% mol/L 氯化钾(或蒸馏水)，用吸管吹气混匀细胞，置于 37 ℃温箱中低渗处理 25 min 左右(最佳时间根据情况可自行摸索)通过低渗可使红细胞破碎、白细胞膨胀。

6. 固定

(1)预固定

在低渗同时，可加入1~2 mL(或者12滴)固定液进行预固定，目的是防止离心时细胞结团。

(2)第一次固定

低渗和预固定后，进行离心(要求同上)，吸去上清液，先加0.5 mL固定液，小心用吸管吹气混匀，再加入4.5 mL的固定液混匀后，静止15~30 min。

(3)第二次固定

静止后的材料再离心，吸去上清液，加入5 mL固定液，吹气混匀，静止15~30 min。

(4)第三次固定

操作方法同上。充分的固定，有助于获得染色体清晰、分散的分裂相，所以第三次固定的时间可延长至过夜。第三次固定后，吸去大部分上清液，根据沉淀物的多少，留下一定量的固定液(一般留0.5~1 mL)，混匀后进行滴片。

若染色体分散不理想，固定液可采用2份甲醇、1份冰醋酸，或1份甲醇、1份冰醋酸。固定液要现配现用，不新鲜的固定液有可能产生沉淀，从而影响固定的效果。

7. 滴片

从冰水中取出载片进行滴片。滴片的高度越高越好(一般为20~40 cm)。滴后用嘴吹，这样有助于细胞的分散。滴片后，制片自然干燥或用电吹风吹干。

8. 染色

以1∶9[Giemsa原液与磷酸缓冲液(pH=6)之比]的Giemsa染液扣染20 min，自来水冲洗凉干后，即可镜检。

9. 核型分析

选择染色体清晰、分散好的中期分裂相摄影，进行核型分析。

人类染色体$2n=46$，由此23对染色体组成，其中22对为男女相同的常染色体，1对为形态不同的性染色体X和Y，男性的性染色体组成的XY，女性的性染色体组成为XX。

根据丹佛(1960年)、伦敦(1963年)、芝加哥(1966年)会议提出的标准，按照染色体长度的递减、着丝粒位置等特征，把人类体细胞有丝分裂中期的染色体分为7个组(表14-1)，排出了人类染色体的核型图。在分析一定数目正常个体的一定数目细胞核型的基础上，综合绘制出人类染色体核型的模式图(图14-1、图14-2)，核型模式图是一个物种核型的代表。

人类细胞染色体核型分析的具体方法，可参考实验十五。

表14-1 人类染色色体核型分组

组号	染色体号	形态大小	着丝粒位置	随体	收缢痕	鉴别难易程度
A	1~3	最大	m	无	常见1号	可鉴别
B	4~5	次大	sm	无		不易
C	6~12+X	中等	sm	无	常9号	难鉴别
D	13~15	中等	t	有	偶见13号	难鉴别
E	16~18	小	st	无		可鉴别
F	19~20	次小	m	无		不易
G	21~22+Y	最小	t	有		难鉴别

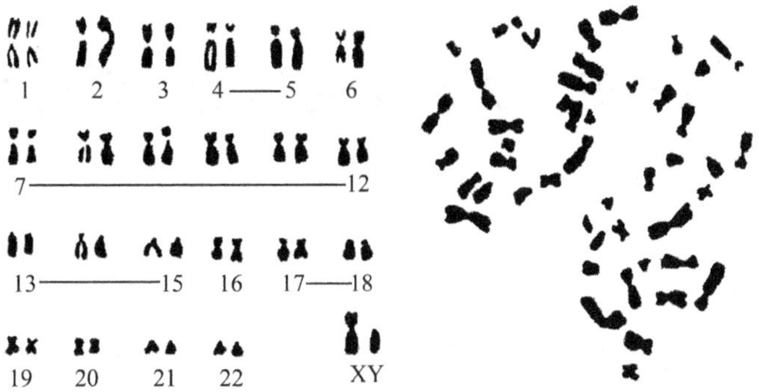

图 14-1　正常男性体细胞有丝分裂中期相及核型图

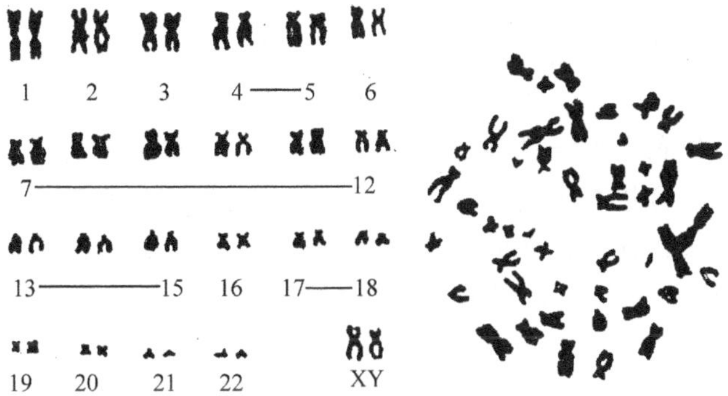

图 14-2　正常女性体细胞有丝分裂中期相及核型图

五、思考题

1. 人体外周血淋巴细胞染色体制备中，哪些步骤是关键性的？
2. 请总结你在本实验中的经验和教训。

实验十五　人类染色体的核型分析

一、实验目的

学习人类染色体核型分析的基本方法，进一步了解染色体数量变异与结构畸变的发生和效应。

二、实验原理

在研究人类染色体的历史上有三个重要的基本技术，它们的进展为人类染色体的研究奠定了基础。这三个技术是：①细胞培养技术，人的细胞可在体外生长，为材料的获得提供了方便。②使用秋水仙素处理培养的细胞，使染色体收缩并破坏了纺锤丝，从而富集了更多的分裂相。③培养细胞的低渗处理，使细胞膨胀，在充分固定后的制片上可以得到完全分散开的染色体，进而为逐个分析提供了可能。通常人类的染色体制片是采用外周血淋巴细胞培养的方法获得的，也可采用骨髓细胞培养或皮肤的培养制备染色体。

在检查一个人的核型是否正常时，在常规染色的情况下(非分带处理)，观察的内容主要是染色体的数目和染色体的形态。人染色体在常规染色时，各染色体的识别主要是根据染色体的长度(最长的大约 10 μm，最短的大约 2 μm)和着丝粒的位置。为了使各细胞间的染色体可比较，染色体的长度以染色体的相对长度表示(以单倍常染色体总长度的百分数表示)，着丝粒的位置以着丝粒指数表示[着丝粒指数(%)=短臂长度÷该染色体全长×100]。此外，随体的有无和形态以及其他形态特征也是观察的内容之一。

一个细胞的核型通常是指该细胞中期染色体的数目和形态的总称。核型分析是指对核型进行仔细的观察和研究，通常采用镜下观察和拍照后将染色体剪下，然后将染色体排列在设定好的表格上(图 15-1)，在此过程中进行进一步的观察和分析。在临床诊断中，一个个体通常需要分析和观察 25~50 个分裂相。所选的分裂相应当是符合要求的，分散差的、分散太厉害的、分散的总体图形轮廓不完整的、各染色体重叠的、染色体着色差的、与其他分裂相太靠近的等不符合要求的分裂相都应弃之不用。

根据着丝粒的位置，可将人的染色体分为三类：①中部着丝粒染色体(metacentric chromosome，简称 m)，着丝粒近于染色体的中央，着丝粒指数为 46~50。②亚中部着丝粒染色体(submetacentric chromosome，sm)着丝粒偏于一端，着丝粒指数为 26~45。③近端着丝粒染色体(subtelacentric chromosome，st)着丝粒靠近染色体的一端，着丝粒指数为 15~25。

为了熟悉人的染色体，根据图 15-1，请你确定：

①人的正常染色体中属于中部着丝粒的染色体。

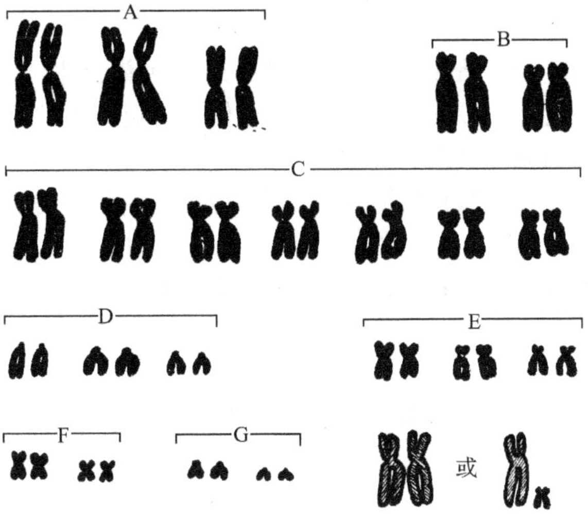

图 15-1　人类染色体核型分析示意

②人的正常染色体中属于亚中部着丝粒的染色体。

③人的正常染色体中属于近端部着丝粒的染色体。

在常规染色体的情况下，不可能全部识别每个染色体，因此根据染色体的长度和着丝粒的位置，可将正常人的染色体分为 7 组，即 A、B、C、D、E、F 和 G 组，其分布见表 15-1。

表 15-1　人的染色体组

组	染色体	组	染色体
A	1，2，3	E	16，17，18
B	4，5	F	19，20
C	6，7，8，9，10，11，12	G	21，22
D	13，14，15	性染色体	XX 或 XY

这 7 组染色体的主要特征如下(图 15-1)：

A 组：第 1、2、3 染色体。在染色体中是最大的三对染色体，按长短和着丝粒的位置彼此可以分开。

B 组：第 4、5 染色体。具有亚中部着丝粒的两对大型染色体，第 4 比第 5 稍长些，彼此较难以区分。

C 组：第 6、7、8、9、10、11 和 12 染色体。具亚中部着丝粒的中型染色体。第 6、7、8 和 11 染色体的着丝粒比第 9、10、12 染色体的着丝粒更近中央。组内各染色体的大小也略有不同。该组内的各染色体较难以配对和确定。X 染色体也可属于该组，它最像 6 号染色体。

D 组：第 13、14、15 染色体。三个全是中等大小的 st 型染色体。在短臂的末端常可见随体。

E 组：第 16、17、18 染色体。三个小型的染色体，是中部着丝粒染色体(16)和亚中部着丝粒染色体。

F 组：第 19、20 染色体，是具有中部着丝粒的次小型染色体。

G 组：第 21、22 染色体，是最小型的 st 染色体。在短臂上常可见随体。Y 染色体按其长短和着丝粒的位置可列入这组。

染色体畸变是指染色体的数目与结构的变异。某些国家的统计表明，染色体的畸变率可占人群中的 0.5%～1%，已发现的数目与结构畸变在千种以上，性染色体的平均畸变频率为 0.24%。因此，核型分析是优生优育不可缺少的保证。

三、实验用品

染色体照片(复印件)及实验报告纸，剪刀、镊子、胶水。

四、方法步骤

在本次实验中，每个学生独立地分析 1 个核型(图 15-2 或图 15-3)。学生应按照图 15-1 的方式将剪下的染色体进行配对、排列和分析，确定后，用尽量少的胶水将其固定在实验报告纸上。图 15-1 以及背景知识的学习有助于你的分析，X 染色体已用虚体表示指明。

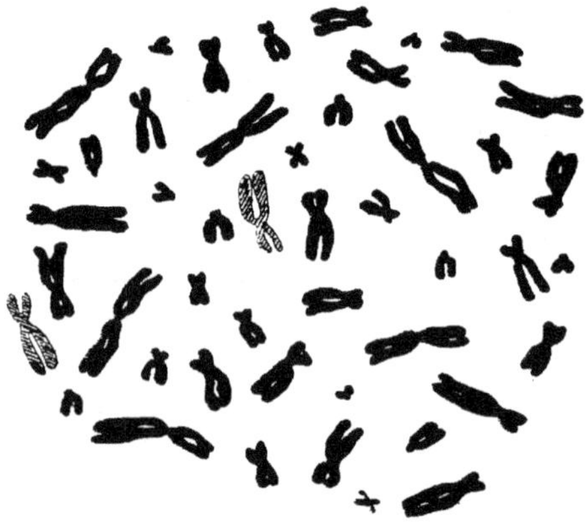

图 15-2　待测人类核型(1)

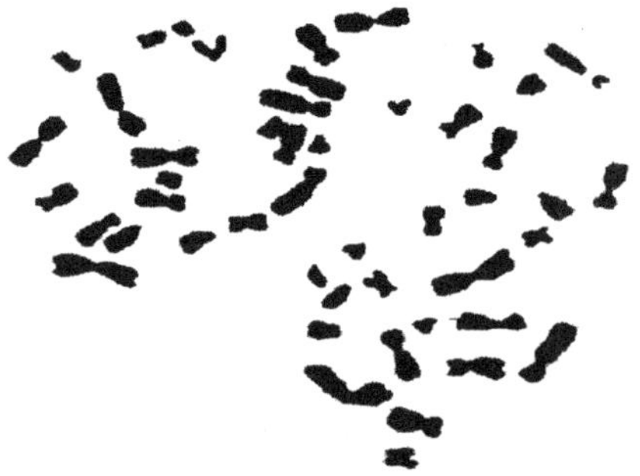

图 15-3　待测人类核型(2)

五、思考题

1. 你分析的核型是否正常？如不正常应说明有什么异常情况。
2. 假定这个个体的其他细胞也是这种情况，这个个体的性别是什么？
3. 这种情况是怎样发生的？对该个体有什么影响？
4. 如果具有该核型的个体有一核型正常的配偶，你估计他们的后代将会怎样？

实验十六　植物多倍体的诱发及鉴定

一、实验目的

学习掌握利用秋水仙碱溶液诱发植物多倍体的一般方法，同时学习鉴定植物多倍体的细胞学和形态学方法。

二、实验原理

植物多倍体是指体细胞中含有 3 个或 3 个以上染色体组的个体。多倍体可自然发生，也可人工诱发。人工诱发最有效的方法是利用从百合科植物秋水仙(*Colchicum autumale*)中提取的秋水仙碱进行处理。秋水仙碱的分子式为 $C_{22}H_{25}NO_6$，常用的有效浓度为 0.01%~0.4%，用它的水溶液浸渍、涂抹或点滴植物的分生组织，可以抑制细胞分裂时纺锤体的形成，使细胞不能分裂为二，但不影响染色体的复制和着丝粒的分裂，因而染色体复制加倍，而细胞没有分裂，以致细胞内染色体数目成倍地增加，形成多倍体细胞。由多倍体的组织分化产生的性母细胞，经减数分裂所产生的雌雄配子也必然是多倍体，这样通过受精仍形成为多倍体植株。

鉴定多倍体植株的方法有两种：形态学鉴定是观测叶片气孔保卫细胞、花、果实、种子的形态、花粉粒大小及育性等性状的变异，这是一种间接的鉴定方法；细胞学鉴定是观测根尖、茎尖分生组织或花粉母细胞的染色体数目，这是一种直接的测定方法。

在显微镜下观测细胞或其内含物的大小时，通常需借助于目镜测微尺和镜台测微尺。一般目镜测微尺的刻度全长为 5 mm，分成 50 格或 100 格。镜台测微尺的刻度全长 1 mm，分为 100 格，每小格长度为 0.01 mm。由于使用的显微镜放大倍数不同，目镜测微尺所代表的实际长度也不同。故使用前必须先求出目镜测微尺和镜台测微尺两者刻度间的换算值。其具体方法是：在显微镜下把目镜中的目镜测微尺与放在载物台上的镜台测微尺两者的刻度线对准并重合，计数二者重合刻度间的格数，然后按下式计算目镜测微尺每格的实际长度(μm)。

$$\text{目镜测微尺每格长度}(\mu m)=\frac{\text{重合线内的镜台测微尺格数}}{\text{对应的目镜测微尺格数}}\times 10$$

在使用显微镜观测标本时，即移去镜台测微尺，根据目镜测微尺量出被测实体的格数，乘以换算值，即得实际长度。

当变换显微镜的目镜或物镜放大倍数时，须重新计算换算值。注意不同的显微镜即使放大倍数相同，或同一显微镜非同一次使用，也必须分别测算其换算值。

三、实验用品

1. 实验材料

蚕豆、油松、刺槐等的种子，杨树幼苗。

2. 实验器具

显微镜、测微尺、解剖针、镊子、烧杯、培养皿、量筒、容量瓶、棕色瓶、载玻片、盖玻片、刀片、滤纸、棉花、纱布、恒温箱等。

3. 实验药品

0.1%~0.4%秋水仙素水溶液、45%醋酸、醋酸洋红或石炭酸品红染色液、1 mol/L HCl、卡诺固定液、95%乙醇。

四、方法步骤

1. 0.1%~0.4%秋水仙素水溶液的配制

称取秋水仙素 1 g，先加少许 95%乙醇助溶，然后溶于 250~1000 mL 蒸馏水中，配成 0.1%~0.4%秋水仙素水溶液，置于棕色瓶内备用。

2. 处理种子

先将蚕豆等的种子洗净用清水浸泡 1 d，必要时要进行种子消毒。然后散放在铺有滤纸或纱布的若干培养皿中。在半数培养皿中徐徐注入 0.1%秋水仙素溶液，在其他半数培养皿中注入清水作为对照，为了避免蒸发可加盖，将培养皿置于恒温箱中保持 25 ℃左右使种子发芽。待种子萌发后，应继续处理 24 h，在处理过程中，应经常注意药液的蒸发，随时添加清水，保持原处理药液的浓度，一直浸到根尖明显膨大时即可用卡诺液固定。

3. 处理幼苗

由于秋水仙素只对正在进行分裂的细胞发生作用，因此处理部位大多在茎尖生长点。如将茎尖生长点浸入装有 0.1%~0.4%秋水仙素水溶液的器皿中，或将蘸有 0.1%~0.4%秋水仙素水溶液的棉花球，置放于植株的生长点外，注意保持药液浓度。处理时间为 24~28 h，处理后的幼苗，用清水冲去残液，待进一步生长后，即可进行固定和观察。

4. 观察与鉴定

(1) 直接鉴定

切取膨大的根尖，采用压片法检查分生组织细胞分裂情况，寻找中期分裂相，计算细胞染色体数目。从而确定其染色体增加的倍数。

(2) 间接鉴定

处理后的植株和未处理植株在外部形态上和结构上是具有区别的，常采用的方法是观察和比较两者气孔的大小。将叶面表皮撕下在显微镜下观察，经加倍的多倍体叶面气孔比二倍体的大得多。从外部形态上加倍后生长的植株比二倍体高大，叶片肥厚。

五、作业

每人交一张合格制片。

六、思考题

1. 比较二倍体和多倍体植株在形态上的差异，并说明其可能的原因。
2. 比较二倍体和多倍体细胞的中期分裂相，并作解释。

综合作业题

1. 生物染色体制片的基本步骤是：预处理、__________、__________、__________、__________。

2. 在细胞有丝分裂中________期核仁消失，________期核膜重新形成，________期着丝粒排在赤道板面上，__________期微管集聚形成纺锤丝，__________期每条染色质的DNA复制，__________期染色单体向两极移动。

3. 在细胞减数分裂过程中，同源染色体在__________期配对，非姐妹染色单体在__________期发生交换，同源染色体在________期分开，而染色单体分离在________期。

4. 联会在遗传上的意义是____。

5. 蚕豆正常体细胞有6对染色体，请写出下列各组织细胞的染色体数目：

根尖______，叶______，种胚______，胚乳______，花药壁______，精细胞______，反足细胞______，极核______。

6. 遗传学中通常把染色体的结构变异分为______、______、______和______四大类，发生在非同源染色体之间的结构变异是____________。

7. 染色体数目的变异可分为________________变异和________________变异。

8. 目前诱导多倍体最有效的化学药物是___________________________，它的作用主要是___________________________。

第三篇 分子遗传基础实验

实验十七　细胞核内脱氧核糖核酸(DNA)的鉴定

一、实验目的

学习掌握孚尔根染色法，定性鉴定细胞核内脱氧核糖核酸(DNA)的存在。

二、实验原理

孚尔根(Feulgen)染色法是鉴别细胞核中DNA的组织化学方法，其原理和希夫试剂的化学性质有关。希夫试剂是由碱性品红与亚硫酸氢钠和盐酸作用而生成的，为无色透明的溶液，它遇醛类物质即呈紫红色，故可用于鉴定醛基的存在。

DNA分式结构中本身无醛基，但在60 ℃1 mol/L盐酸的水解作用下，打断部分DNA分子中脱氧核糖与嘌呤间的糖苷键，使嘌碱基脱落，并在脱氧核糖的第一个碳原子上释放出活性醛基，该基因遇希夫试剂即呈紫红色。在细胞内只有DNA才具有这种反应，故可定性地鉴定细胞核内DNA的存在。这一染色方法是Feulgen和Rossenbeck于1924年首先发现和确定的，故称孚尔根染色法。

三、实验用品

1. 实验材料

蚕豆、小麦和洋葱等植物的根尖。

2. 实验器具

显微镜、恒温水浴、解剖针、镊子、刀片、载玻片、盖玻片、染色皿、吸水纸等。

3. 实验药品

1 mol/L HCl、45%醋酸、Schiff试剂、卡诺固定液、漂洗液、30%~95%各级乙醇等。

四、方法步骤

1. 试剂配制

①Schiff试剂：即脱色亚硫酸品红，溶解0.5 g碱性品红于100 mL煮沸的重蒸馏水中，轻轻摇动搅拌3~5 min使之完全溶解。冷却至50 ℃左右过滤于棕色试剂瓶中。再等溶液冷却到25 ℃时，加入10 mL 1 mol/L HCl和0.5 g亚硫酸氢钠($NaHSO_3$或$K_2S_2O_5$)摇动使之溶解，密封瓶口，静置于黑暗或低温处，18~24 h后检查，若试剂呈无色或呈淡黄色即可使用，若试剂浑浊不清或呈淡红色，则可加入0.5 g活性炭后摇动，仍在低温下静置过夜，过滤后淡红色消褪即可使用，否则只得重配。

②漂洗液：在200 mL蒸馏水中，加入10 mL 1 mol/L HCl和10 mL10%亚硫酸氢钠(钾)水溶解(或1.0 g固体药)，即成漂洗液。此液随配随用。

2. 取材及水解

切取蚕豆或其他植株的根尖，用卡诺液固定 4 ~ 24 h，然后分别换以 95%、70%、50%、30%乙醇系列各洗 5 ~ 10 min，用蒸馏水冲洗两次。在恒温水浴 60 ℃ 1 mol/L HCl 中水解 10 ~ 15 min，吸去热 HCl，换入冷的 1 mol/L HCl 中 1 ~ 2 min。水解是实验成败的关键，重要的是水浴温度，应保持在 60±0. 5 ℃。

3. 染色

用吸水纸吸净水分，放入 Schiff 试剂中染色 1 ~ 5 h 或过夜，此时仍然放置于低温暗处或用黑纸包住。染色后用漂洗液冲洗 2 ~ 3 次，每次 2 ~ 10 min。经水冲洗 2 ~ 3 次后准备压片。

4. 压片镜检

取根尖顶端(已变成紫红色的部分)，置于载玻片上，滴加 45%醋酸 1 滴，加盖玻片，进行压片。用吸水纸吸去多余的溶液，然后镜检，可观察到细胞核或染色体被染成紫红色，其他部分如细胞质和细胞壁则不被染色。

五、作业

1. 分别制作经孚尔根染色和对照处理的临时片 2 张，并根据镜检结果绘图。
2. 比较根尖经盐酸水解处理与否所获得的结果，并作解释。

六、思考题

1. 试对你的观察结果进行分析讨论，说明影响孚尔根反应成败的关键所在，为什么？
2. 该实验的 DNA 染色方式，在哪些遗传学实验中有应用？

实验十八　植物基因组 DNA 的提取

一、实验目的

学习并掌握植物基因组 DNA 的快速提取方法，了解真核基因组 DNA 的有关特性。

二、实验原理

细胞在高 pH 值的强阴离子洗涤剂中会使细胞壁破裂、染色体 DNA 和蛋白质变性，将 DNA 释放到上清液中。在裂解过程中，破裂的细胞壁、变性蛋白质、变性的 DNA 会相互缠绕成大型复合物，其中的 DNA 可被阳离子强表面活性剂如十二烷基磺酸钠（sodiumdoedcyl sulfate，SDS）包盖。当用钾离子取代钠离子时，大型复合物中破裂的细胞壁、变性蛋白质等会从溶液中有效地沉淀下来，离心除去变性剂后，就可从上清液中回收复性的 DNA。SDS 通常与蛋白酶 K 和抗氧化剂（antioxidants）、螯合剂（chelatingagents）一起使用；而十六烷基三甲基溴化铵（cetyltriethylammoniumbromiade，CTAB）是一种在高盐下能与核酸结合形成可溶的稳定的复合物，低盐浓度下可沉淀的表面活性剂。

提取的 DNA 通常用氯仿/异戊醇（24∶1）抽提次数，彻底去除蛋白质使 DNA 纯化，若对 DNA 质量要求较高，还可用 CsCl 密度梯度离心法进一步纯化。

三、实验用品

1. 实验材料

植物嫩芽或幼叶。

2. 实验器具

液氮罐、研钵、0.5~1.5 mL Eppendorf 离心管、0.2~1000 μL 移液枪、电热恒温水浴锅、离心机、高速离心机、冰箱、紫外可见分光光度计等。

3. 实验药品

液氮、Tris（羟基甲基氨基甲烷）、HCl、EDTA、NaCl、SDS、CTAB、饱和酚、异丙醇、β-巯基乙醇、氯仿（三氯甲烷）/异戊醇、酚/氯仿/异戊醇、无水乙醇、纯蒸水、RNase、NaAc、Kac、PVPP 等。

四、方法步骤

1. 准备工作

（1）10×TE-8.0 的配制

100 mmol/L Tris-Cl（pH 8.0），10 mmol/L EDTA（pH 8.0）：用 800 mL 蒸馏水溶解 12.11 g Tris 碱，加浓 HCl 调 pH 值至 8.0，取 0.5 mol/L EDTA（pH 8.0）20 mL 加水定容至

1 L；分装灭菌。

(2) 1.25×SDS 提取缓冲液配制(表 18-1)

表 18-1　1.25×SDS 提取缓冲液配制

成分及浓度	储备液浓度	储备液配制(1 L)	工作液配制(1 L)
1.25% SDS	10% SDS，pH 7.5	100 g SDS，加 900 mL 水，加热至 68 ℃助溶，加适量浓盐酸，调 pH 值至 7.5，定容至 1 L，分装灭菌	125 mL
100 mmol/L Tris HCl	1 mol/L Tris-HCl，pH 8.0	12.11 g Tris 溶于 800 mL 水，加适量浓盐酸，调至所需 pH 值，定容至 1 L，分装灭菌	100 mL
50 mmol/L EDTA	0.5 mol/L EDTA，pH 8.0	186.1 g Na_2 EDTA · $2H_2O$ 溶于 800 mL 水，约加 20 g NaOH 调节 pH，定容至 1 L，分装灭菌	100 mL
500 mmol/L NaCl	5 mol/L NaCl	292.2 g NaCl 溶于 800 mL 水，定容至 1 L，分装灭菌	100 mL
0 1% β-巯基乙醇	14.4 mol/L β-巯基乙醇	14.4 mol/L 的溶液 4 ℃棕色瓶保存，使用前加入	1 mL
ddH_2O			补至 1 L

(3) 1.5× CTAB 提取缓冲液配制(表 18-2)

表 18-2　1.5×CTAB 提取缓冲液配制

成分及浓度	储备液浓度	储备液配制(1 L)	工作液配制(1 L)
1.5% CTAB	10% CTAB	100 g CTAB 溶于 800 mL 水中，加热助溶，冷却后定容至 1 L	150 mL
75 mmol/L Tris HCl	1 mol/L Tris-HCl，pH 8.0	12.11 g Tris 溶于 800 mL 水，加适量浓盐酸，调至所需 pH 值，定容至 1 L，分装灭菌	75 mL
1.5 mmol/L EDTA	0.5 mol/L EDTA，pH 8.0	186.1 g Na_2 EDTA · $2H_2O$ 溶于 800 mL 水，约加 20 g NaOH 调节 pH，定容至 1 L，分装灭菌	30 mL
1.05 mol/L NaCl	7.0 mol/L NaCl	409.08 g NaCl 溶于 800 mL 水，定容至 1 L，分装灭菌	150 mL
ddH_2O			补至 1 L

2. 操作步骤

(1) CTAB 法提取总 DNA

①准备：将 1.5×CTAB 溶液于 65 ℃水浴中预热；

②取材：0.5 g 新鲜植物叶片，无菌水洗净，滤纸吸干；

③研磨：液氮研磨(先加液氮加叶片再加 PVPP 研磨)分装入 2 mL 离心管；

④裂解：在 2 mL 离心管中，加入 1000 μL 65 ℃预热的 1.5×CTAB 分离缓冲溶液，再加 20 μL β-巯基乙醇，彻底混匀后，60 ℃水浴 30 min，不时小心摇动离心管；

⑤抽提：取上清液，加入等体积三氯甲烷：异戊醇(24：1)，小心颠倒离心管几次至有机相由无色→绿色→黑色(深绿色)，约抽提 10 min，12 000 r/min 离心 10 min；

⑥重复 5，直至上清液变为透明色；

⑦沉淀：取上清液，加入 2/3 体积的预冷过的异丙醇小心混匀，沉淀 DNA，建议都 12 000 r/min，离心 10 min；

⑧弃上清，倒立控 2 min；

⑨纯化：加 1.0~1.5 μL Rnase、300 μL TE-8.0 完全溶解(37 ℃恒温水浴 30 min)；

⑩ 离心：加等体积三氯甲烷：异戊醇(24：1)，轻轻摇匀 5 min 后，13 000 r/min 离心 10 min；

⑪沉淀：取上清液于另一 1.5 mL 离心管中，加 2 倍体积的冷的(−20 ℃)无水乙醇，(若 DNA 量少，加 1/10 体积 3mol/L NaAc)，15 000 r/min 离心 10 min；

⑫洗涤：弃上清，用 70%乙醇冲洗 1 次，快速离心 3 min，倒立控干；

⑬保存：依 DNA 量的多少，加 100~500 μL 1×TE−8.0 溶解，放入−20 ℃冰箱备用；

(2)SDS 法提取总 DNA

①准备：将 1.25×SDS 提取缓冲液于 65 ℃水浴中预热；

②取材：0.5 g 新鲜植物叶片，无菌水洗净，滤纸吸干；

③研磨：液氮研磨(先加液氮加叶片再加 PVPP 研磨)分装入 2 mL 离心管；

④裂解：在 2 mL 离心管，加入 1000 μL 65 ℃预热的 1.25×SDS 提取缓冲液，彻底混匀后，65 ℃水浴 30 min，不时小心摇动离心管；

⑤除杂：取上清液，加入等体积 5 mol/L KAc，剧烈振荡，冰浴 20 min 以上；

⑥离心：12 000 r/min 离心 20 min；

⑦抽提：取上清液，加入等体积三氯甲烷：异戊醇(24：1)，小心颠倒离心管几次至有机相由无色→绿色→黑色(深绿色)，约抽提 10 min，12 000 r/min 离心 10 min；

⑧重复 5，直至上清液变为透明色；

⑨沉淀：取上清液，加入 2/3 体积的冷异丙醇，小心混匀，在−20 ℃冷却 30 min 以上，沉淀 DNA，13 000 r/min，离心 10 min；

⑩洗涤：弃上清，倒立控 2 min，用 70%乙醇冲洗 1 次，快速离心 3 min，倒立控干；

⑪纯化：加 1.0~1.5 μL Rnase、300 μL 1×TE−8.0 完全溶解(37 ℃恒温箱，30 min)；

⑫沉淀：取上清液于另一 1.5 mL 离心管中，加 2 倍体积的冷的(−20 ℃)无水乙醇；(若 DNA 量少，加 1/10 体积 3 mol/L NaAc)，15 000 r/min 离心 10 min；

⑬洗涤：弃上清，用 70%乙醇冲洗 1 次，快速离心 3 min，倒立控干；

⑭保存：依 DNA 沉淀量的多少，加 100~700 μL 1×TE−8.0 溶解，放入−20 ℃冰箱备用。

五、作业

每组上交装有所提取 DNA 的离心管一个。

六、思考题

1. 提取细胞 DNA 的不同方法中，有哪些步骤是相同的？
2. 在采集提取 DNA 的植物样品时，应如何保鲜？
3. 确定提取缓冲液的 pH 值时应注意什么问题？

实验十九　琼脂糖凝胶电泳检测 DNA

一、实验目的

学习和掌握琼脂糖凝胶电泳检测 DNA 的方法和技术。

二、实验原理

DNA 分子在琼脂糖凝胶中时有电荷效应和分子筛效应。DNA 分子在高于等电点的溶液中带负电荷，在电场中向正极移动。在一定的电场强度下，DNA 分子的迁移速度取决于分子筛效应。具有不同的相对分子质量的 DNA 片段泳动速度不一样，可进行分离。凝胶电泳不仅可分离不同相对分子质量的 DNA，也可以分离相对分子质量相同，但构型不同的 DNA 分子。

三、实验用品

1. 实验器材

5 μL 移液枪、水平电泳系统(电泳仪、梳子、电泳槽等)、封胶带、微波炉、紫外透射仪或紫外凝胶成像系统等。

2. 实验药品

1×TAE 电泳缓冲液(50×TAE：Tris 碱 242 g、冰乙酸 57. 1 mL、0. 5 M EDTA(pH 8. 0) 100 mL，加无菌水至 1000 mL)或 0. 5×TBE 电泳缓冲液(5×TBE：Tris 碱 54 g、硼酸 27. 5 g、0. 5 M EDTA(pH 8. 0)20 mL，加无菌水至 1000 mL)、EB、加样缓冲液(25%溴酚蓝+40%(w/v)蔗糖水溶液，4 ℃保存备用)、琼脂糖等。

四、方法步骤

①用封边带封严塑料托盘开放的两边，形成一个模具。置于水平实验台上。

②配制足够量的电泳缓冲液(1×TAE 或 0. 5×TBE)用以灌满电泳槽和配制凝胶。

③用电泳缓冲液配制 0. 8%的琼脂糖溶液于三角瓶内。

④在微波炉中加热至琼脂糖熔化。

⑤在模具上加合适的梳子以形成加样孔，浇灌温热的琼脂糖溶液进入模具，凝胶适宜厚度为 3~5 mm。

⑥室温下放置 30~45 min 让凝胶完全凝结，加少量电泳缓冲液于凝胶顶部，小心拔出梳子。倒出电泳缓冲液。轻轻撕去封边胶带，将凝胶安放在电泳槽内。

⑦向电泳槽内加入电泳缓冲液，刚好没过凝胶 1 mm。

⑧混合 DNA 样品和 0. 2 倍体积加样缓冲液。

⑨用微量移液器及一次性吸头将样品混合液缓慢加至浸没凝胶的加样孔内。
⑩插好电极插头，给予 1~5V/cm 的电压进行电泳。
⑪当溴酚蓝在凝胶中迁移足够距离时，关上电源，拔出电极插头。
⑫将凝胶置 EB 溶液中染色数分钟，清水洗涤数次。
⑬在紫外凝胶成相系统中观察凝胶并照相。

五、作业

每组上交实验报告并附 DNA 电泳紫外成像图片。

六、思考题

1. 电泳后无或很少见 DNA 谱带的原因是什么？
2. DNA 电泳谱带中为什么会出现弥散带？

实验二十　树木 DNA 的提取、检测与保存

一、实验目的

了解真核生物基因组 DNA 的有关特性，学习并掌握树木基因组 DNA 的快速提取与检测方法，制备用于 PCR、酶切、基因克隆、文库构建、品种鉴定等各种分子常规操作的高质量树木基因组 DNA。

二、实验原理

1. DNA 提取原理

十六烷基三甲基溴化胺(cetyltriethylammonium bromide，CTAB)是一种阳离子去污剂，具有从低离子强度溶液中沉淀核酸与酸性多聚糖的特性。在高离子强度的溶液中(>0.7mol/L NaCl 滤液)，CTAB 与蛋白质和多聚糖形成复合物，但不会沉淀核酸。通过有机溶剂抽提，去除蛋白、多糖、酚类等杂质后，加入乙醇沉淀，即可使核酸分离出来。

树木细胞中 DNA 位于细胞核和细胞质中，分离树木总 DNA 首先要破碎细胞壁，然后用 SDS、CTAB、PEX 等试剂裂解细胞膜系统，释放 DNA 到 DNA 提取介质中。改进的经典 CTAB 植物 DNA 抽提液(添加多种针对植物特点的多糖、多酚去除成份)迅速裂解细胞和灭活细胞内核酸酶，氯仿抽提后通过离心清除多糖、多酚和蛋白质(根据需要，上清中还可加入异丙醇离心沉淀基因组 DNA，进一步去除其他各种杂质)，然后基因组 DNA 在高离子盐状态下选择性吸附于离心柱内硅基质膜，再通过一系列快速的漂洗—离心的步骤，进一步将多糖、多酚和细胞代谢物、蛋白等杂质去除，最后低盐的洗脱缓冲液将纯净基因组 DNA 从硅基质膜上洗脱。

2. DNA 质量检测原理

DNA 链上碱基的苯环结构在紫光区具有较强吸收，其吸收峰在 260 nm 处。当 OD_{260} 数值为 1 时，双链 DNA 浓度约为 50 μg/mL，单链 DNA 浓度约为 40 μg/mL，寡核苷酸浓度约为 30 μg/mL。当 DNA 样品中含有蛋白质、酚或其他小分子污染物时，会影响 DNA 吸光度的准确测定。一般情况下同时检测同一样品的 OD_{260}、OD_{280}，计算其比值来衡量样品的纯度。纯 DNA：OD_{260}/OD_{280} 比值应为 1.7~1.9(>1.9，表明有 RNA 污染；<1.6，表明有蛋白质、酚等污染)。

三、实验用品

1. 实验材料

刺槐萌发的种子，取刺槐种子于实验前 3 d 用纱布加水催萌。

2. 实验器具

离心机、Nanodrop2000 分光光度计、研磨棒、恒温水浴锅、振荡器、移液枪、制冰机、容量瓶、试剂瓶、玻璃棒、量筒、记号笔、滤纸、卫生纸、千分之一天平、万分之一天平、高压灭菌锅、-20 ℃冰箱、-80 ℃超低温冰箱、移液器、1.5 mL 离心管等(试剂配置和高温灭菌见附件 1)。

3. 实验药品

主要试剂：DNAsecure 新型植物基因组 DNA 提取试剂盒、DNA Maker 均购自天根生化科技有限公司、无水乙醇、ddH_2O(以下几种试剂学生只要求了解配方比例，无须操作；对应试剂在 DNA 试剂盒中已经提供)。

0.5 mol/L EDTA(pH 8.0)：181.1 g $Na_2EDTA \cdot 2H_2O$(二水乙二胺四乙酸二钠盐)，溶于 800 mL 去离子超纯水中，振荡，用固体 NaOH 调 pH 至 8.0，定容至 1000 mL，高温灭菌，室温贮存；

50×TAE：242 g Tris，57.1 mL 冰醋酸，100 mL 0.5 mol/L EDTA(pH 8.0)，加入去离子超纯水振荡、溶解，定容至 1000 mL，4 ℃保存，工作液为 1×TAE；

10×TBE：108 g Tris 碱，55 g 硼酸，7.44 g EDTA，加入去离子超纯水振荡、溶解，定容至 1000 mL，室温保存；

溴酚蓝上样缓冲液：0.25 g 溴酚蓝、0.25 g 二甲苯菁、30 mL 甘油溶加入去离子超纯水振荡充分溶解后定容至 100 mL。

四、方法步骤

本实验步骤主要参考天根生化科技公司研制的 DNAsecure 新型植物基因组 DNA 提取试剂盒(离心柱型)实验方法，稍有优化。同学分成 4 人/组进行实验。

1. DNA 提取步骤

①破碎细胞壁：取刺槐萌发的种子 100 mg 材料放入 1.5 mL 离心管中，加入液氮用研磨棒研磨成粉末状。

②裂解细胞膜：加入 400 μL 65 ℃预热缓冲液 LP1，剧烈涡旋振荡 1 min，(为防止 RNA 干扰，可加入 5 μL 10 mg/mL 的 RNA 酶，室温放置 5 min)；将离心管放在 65 ℃水浴锅中水浴 10 min，水浴过程中颠倒离心管以混合样品 2~3 次。

③去除蛋白质、色素、糖等杂质：加入 130 μLLP2，充分混匀，涡旋振荡 1 min，12 000 r/min 离心 5 min。取上清液放入新离心管中，并估计上清液体积。

④沉淀基因组 DNA：小心地加入 1.5 倍的 LP3(使用前请先检查是否已加入无水乙醇)，立即充分涡旋混匀 15 s，此时可能会出现絮状沉淀。

⑤将 DNA 吸附于离心柱内硅基质模：将上一步所得溶液与絮状沉淀转入吸附柱 CB3 中(吸附柱放入收集管中)，12 000 r/min 离心 30 s，弃掉废液，吸附柱 CB3 放入收集管中。

⑥漂洗并去除蛋白质等杂质：向吸附柱 CB3 加入 600 μL 漂洗液 PW(使用前请先检查是否已加入无水乙醇)，12 000 r/min 离心 30 s，弃掉废液，并将吸附柱 CB3 放入收集管中。

（**注意：**如果吸附柱膜呈现绿色，向吸附柱 CB3 中加入 500 μL 无水乙醇，12 000 r/min 离心 30 s，弃掉废液，并将吸附柱 CB3 放入收集管中。）

⑦重复操作步骤 6。

⑧空离心，去除废液：将吸附柱 CB3 放回收集管中，12 000 r/min 离心 2 min，倒掉废液。将吸附柱 CB3 置于室温放置 5~10 min，以彻底晾干吸附柱中残余的漂洗液。

[**注意：**这一步的目的是将吸附柱中残余的漂洗液去除，漂洗液中乙醇的残留会影响后续的酶反应(酶切、PCR 等)实验。]

⑨洗脱 DNA：将吸附柱 CB3 转入一个干净的收集管中，向吸附膜的中间部位悬空滴加 50 μL 洗脱缓冲液 TE，室温放置 3 min，12 000 r/min 离心 2 min，将溶液收集到离心管中。将得到的溶液重新加入套有原收集管的吸附柱 CB3 中，室温放置 3 min，12 000 r/min 离心 2 min，再次将溶液收集到离心管中。

2. DNA 浓度的检测

①打开 Nanodrop2000 分光光度计操作系统，双击桌面 NanoDrop 图标启动软件，选择需要测的项目——核酸/蛋白，选择项目后，会弹出一个对话框，点击 OK 仪器开始初始化，可以听见“滴”的声音。5~6 s 后屏幕上的提示信息消失，表示初始化完成。

②确保缓冲液均一性良好，用样本的缓冲液(TE)做 blank 对照，接着把 2 μL ddH_2O 滴至仪器测样点，作为样本测量，检查所得光谱是否平坦，所得的吸光度值是否在零附近，若不平坦，重复上述步骤 2~3 次直到光谱线平坦，吸光度值在零附近。

③确保样本均一性良好，点击 Measure 开始做样本测量，每次测量的样品量建议不少于 2 μL。若连续做测量同一缓冲液的样本超过 30 个，重复步骤 2。

④若前一次的浓度过大，建议对测样基座进行清洗，用去离子水浸泡 3~5 min 再进行测量。

⑤在每次测量完毕后，用蒸馏水清洁样品平台，这样可以保证下一次测量的准确性。

⑥测量完成后，点击 Report 可以查看和导出结果。点击 Export 可以 Excel 表格形式导出数据。

（**注意：**在室温下测量减少蒸发对测量的影响。）

⑦每人 DNA 浓度大于 100 ng/μL 方为合格，将全组合格的浓度值拍照后，经老师检查确认合格。

3. DNA 样品的保存

在浓度检测合格的 DNA 样品离心管上标记清楚自己的姓名，放入-20 ℃冰箱保存备用。

五、作业

每人上交保存装有所提取 DNA 的离心管一个。

六、思考题

1. 保存 DNA 时应注意什么问题？
2. DNA 质量检测还可以用其他什么方法？
3. 不同组织器官内的 DNA 是否一样？RNA 是否一样？

附　试剂的配置和灭菌

一、试剂的配置

(1)利用电子天平称取固体试剂或者量筒(或移液器)量取液体试剂溶于适量的溶剂。

(2)如需调整 pH 值，需要 pH 计的测定下用酸或碱滴定至目标 pH。

(3)试剂配置的原则是先配置浓度高的各组分溶液，然后将各组分溶液混合获得各种缓冲溶液和试剂的贮存液，灭菌后低温保存，需要时再稀释到工作液浓度使用。

二、试剂和耗材的高压蒸汽灭菌

在高温高压条件下，利用湿热使细菌、真菌、芽孢、孢子等微生物的蛋白质变性，进而死亡达到灭菌的效果。主要适用于耐高温、高压，不怕潮湿的试剂与耗材。

(1)准备

向高压蒸汽灭菌锅内加水至水位标记线，将准备灭菌的试剂及耗材用牛皮纸包好，装入锅内套层中(物品放置不宜过多，锅内应留出一定空间)；然后拧紧锅盖。

(2)加热

加热，当压力表上 L 到所需压力时(一般为 100 kPa/121 ℃)，灭菌 15~30 min。

(3)结束

待压力表降至“0”时，打开锅盖，取出灭菌物品。

三、注意事项

(1)严格遵照操作规程，防止意外事故发生。

(2)易燃，易爆物品禁用高压蒸汽灭菌。

(3)瓶装液体灭菌时，应留有适当排气出口，灭菌结束后再密闭。

(4)耗材灭菌结束后最好烘干。

实验二十一　树木 PCR 技术

一、实验目的

了解 PCR 技术原理和琼脂糖凝胶电泳的原理，掌握 PCR 和琼脂糖凝胶电泳的实验步骤，扩增出清晰的目标 DNA 片段。

二、实验原理

1. PCR 的原理

聚合酶链式反应(polymerase chain reaction，PCR)是一种用于放大扩增特定的 DNA 片段的分子生物学技术。该技术的基本原理类似于 DNA 的天然复制过程，其特异性依赖于与靶序列两端互补的寡核苷酸引物。PCR 由变性—退火—延伸三个基本反应步骤构成：①模板 DNA 的变性：模板 DNA 经加热至 94 ℃左右一定时间后，使模板 DNA 双链或经 PCR 扩增形成的双链 DNA 解离，使之成为单链，以便它与引物结合，为下轮反应做准备；②模板 DNA 与引物的退火(复性)：模板 DNA 经加热变性成单链后，温度降至 55 ℃左右，引物与模板 DNA 单链的互补序列配对结合；③引物的延伸：DNA 模板—引物结合物在 72 ℃、DNA 聚合酶(如 TaqDNA 聚合酶)的作用下，以 dNTP 为反应原料，靶序列为模板，按碱基互补配对与半保留复制原理，合成一条新的与模板 DNA 链互补的半保留复制链，重复循环变性—退火—延伸三过程就可获得更多的“半保留复制链”，而且这种新链又可成为下次循环的模板。每完成一个循环需 2~4 min，2~3 h 就能将待扩目的基因片段扩增放大几百万倍。

2. 琼脂糖凝胶电泳的原理

琼脂糖凝胶电泳是用于分离、鉴定和提纯 DNA 片段的标准方法。琼脂糖是 D-和 L-半乳糖残基通过糖苷键交替构成的线状聚合物，具亲水性，但不带电荷，根据浓度不同，其可形成直径为 50~200 nm 的三维筛孔通道，是一种很好的电泳支持物。DNA 在碱性条件下(pH 8.0)带负电荷，在电场中通过凝胶介质向正极移动。在电场作用下，DNA 分子在琼脂糖中迁移。不同 DNA 分子片段由于分子和构型不同，在电场中的泳动速率也不同。Gold View 是一种可代替溴化乙锭(EB)的新型核酸染料，采用琼脂糖电泳检测 DNA 时，Gold View 与核酸结合后能产生很强的荧光信号。

三、实验用品

1. 实验材料

刺槐 DNA。

2. 实验器具

PCR 扩增仪、电泳仪、移液枪、紫外仪、容量瓶、试剂瓶、玻璃棒、量筒、记号笔、滤纸、千分之一天平、万分之一天平、PCR 板、离心机、高压灭菌锅、-20 ℃冰箱、-80 ℃超低温冰箱等。

3. 实验药品

2×PCR Master Mix 中包含 Taq 酶、dNTPs、$MgCl_2$、buffer 缓冲液等、引物、ddH_2O、琼脂糖、1×TAE 缓冲液、Gold View 核酸染料。

四、方法步骤

1. 目的片段的 PCR 扩增

(1)引物溶解备用

本实验利用刺槐 RPly10 基因开展 PCR 扩增研究，其预期目的片段大小在 130~160 bp，引物序列信息如下：上游引物序列：GGCATGTGGCTATGAAGATGT；下游引物序列：TCAGT-GGGACTTGGTTTCTTG。引物设计原则参考附件 1

合成的引物干粉需要在离心机中 12 000 r/min 离心 30 s 后，按照管壁上的参数添加适量的 ddH_2O，短暂离心后振荡 5 min，配制终浓度 10 μmol/L，放入 4 ℃冰箱保存。

(2)PCR 反应体系

先将 2×PCR Master Mix、ddH_2O 与引物(表 21-1)按次序加入 PCR 管，然后加入 2 μL DNA 样本，若此时液体黏附到管壁上，可进行 1500~2000 r/min 低速离心 20 s。按照 PCR 扩增体系进行扩增，获得目的片段。

表 21-1 PCR 反应体系

试剂	体积(μL)	试剂	体积(μL)
2×PCR Master Mix	12.5	引物 2(下游)	1
ddH_2O	8.5	模板 DNA	2
引物 1(上游)	1	总体积	25

注：2×PCR Master Mix 中包含 Taq 酶、dNTPs、$MgCl_2$、buffer 缓冲液等。操作快速简便、特异性强、稳定性好，可最大限度地减少人为误差，这是改用该试剂的主要原因。

(3)PCR 扩增体系

引物扩增体系相同：94 ℃预变性 5 min，94 ℃ 变性 30 s，56 ℃ 退火 30 s，72 ℃延伸 60 s，循环 35 次。最后 72 ℃ 延伸 5 min；12 ℃保温。对获得的目的 PCR 产物等待电泳检测。

2. PCR 目的片段的电泳检测

①称取 2 g 琼脂糖放入 150 mL 锥形瓶中，向其中加入 100 mL 1×TAE 缓冲液，配制 2%琼脂糖凝胶。

②微波炉溶胶加热过程需要操作者戴上毛线手套，防止高温烫伤。用一次性 PE 手套套住瓶口，将锥形瓶放入微波炉中加热，火力选择中火，第一次加热时间约 1 min，关火取出锥形瓶，摇动混匀琼脂糖。此后每加热 30 s 左右关闭一次开关，观察溶解状态，要不时摇动锥形瓶，使附于瓶壁上的琼脂糖颗粒进入溶液再迅速打开开关，如此反复 5~8 次至凝胶变得澄清透明，无悬浮的小气泡及凝胶颗粒。

③凝胶冷却至 60 ℃左右后加入 10 μL Gold View(GV 核酸染料)，轻轻摇匀。

④把“U”形凝胶托盘放入制胶器中，待凝胶无气泡后倒入制胶器，再把试样格(梳子)插入凝胶托盘的两边槽内。

⑤凝胶室温冷却 30 min 左右，若时间紧迫，可放入 4 ℃冰箱 15 min，即可使用。

⑥若梳子的齿数较少，可直接轻轻拔掉梳子，注意先拔一侧。若梳子的齿数较多，则需把凝胶托盘移入电泳仪，加入 1×TAE 缓冲液，再慢慢垂直拔梳。缓冲液没过凝胶 1~2 mm。

⑦用移液器将样品(2×PCR Master Mix 含 Loading buffer，若不含需另外加入)加入加样孔中，上样量根据选用梳子而定(表 21-2)，每一列最后加入 2 μL 标准 Marker 作为对照来确定 PCR 产物相对分子质量大小。

表 21-2　2%琼脂糖凝胶电泳的上样情况

梳子类型	样品上样量(μL)	Marker 上样量(μL)
17 齿	3. 5	2
34 齿	2	1. 5

⑧盖好上盖，连接电泳仪电源与电泳仪之间的电泳导线 。注意不要接错正负电极，正确的是正极(红色)、负极(黑色)，凝胶点样孔靠近负极，检查无误后接通电泳仪电源，电压设定 160 V，电流 140 mA，功率 30 W，电泳时间 30 min。若一个电泳仪连接两个电泳槽，则电压设定 160 V，电流 260 mA，功率 43 W，电泳时间 45 min。

⑨电泳结束后，关闭电泳仪电源，随之拔除电泳导线，打开电泳仪上盖，取出凝胶托盘，然后将凝胶轻轻推入用于照相的凝胶托盘上照相。

⑩用紫外仪观察和照相。

引物扩增出目的片段，若检测效果较好，将 PCR 扩增产物条带清晰的凝胶拍照，经老师检查登记合格后完成实验。

五、作业

每人扩增出电泳条带清晰的目标 PCR 产物。

六、思考题

1. 设计引物的原则有哪些?
2. 退火温度该如何确定?
3. 琼脂糖浓度与扩增片段之间有什么关系?

附　引物设计的原则

(1)引物长度

一般为 20~25 bp。若产物长度小于或等于 500 bp，可选用 16~18 bp 的引物；若产物长达 5 kb，则需要用更长的引物。加有酶切位点的引物可适当延长。

(2)引物的特异性

最好在模板 cDNA 的保守区内设计，设计好后需要通过序列比对判别其特异性。

(3)引物 GC 含量

GC 含量为 40%~60%，以 45%~55%为宜。

(4)引物 T_m

T_m 值是 DNA 熔解温度，指把 DNA 的双螺旋结构降解一半时的温度。引物所对应模板序列的 T_m值最好在 72 ℃左右。至少要在 55~80 ℃。

$$T_m = 2(A+T)+4(C+G)$$

(5)引物序列随机性

ATGC 最好随机分布，避免 5 个以上嘌呤或嘧啶核苷酸的成串排列。

(6)引物自身

不能含有很长的牢固的自身互补序列，尤其是引物 3′端回折形成的发夹一般不超过 3 bp。

(7)引物之间

两个引物之间不应有很长的牢固的互补或同源碱基，尤应避免 3′端的互补重叠。

(8)引物 3′端

引物 3′末端和模板的碱基完全配对，防止发夹结构和二聚体形成。

(9)引物的 5′端

引物的 5′端可以修饰，加酶切位点、标记生物素、荧光、地高辛等；引入蛋白质结合 DNA 序列；引入点突变、插入突变、缺失突变序列；引入启动子序列。

综合作业题

1. 确定 DNA 为主要遗传物质的经典实验有哪些？请具体描述其中一个实验。
2. 基因组的概念是什么？有何特性？
3. 提取植物基因组 DNA 的基本实验步骤有哪些？
4. 常用的 DNA 标记技术有哪些种？各自的特点是什么？
5. DNA 标记技术的主要用途是什么？
6. 基因组计划的主要内容是什么？

第四篇　群体遗传实验

实验二十二　人类性状的遗传平衡分析

一、实验目的

学习了解群体遗传学分析的基本方法，进一步掌握验证遗传平衡定律的方法。

二、实验原理

1. 一对基因的遗传平衡

遗传平衡定律适用于人类，人的许多性状是按孟德尔遗传定律遗传的，如卷舌与非卷舌、有耳垂与无耳垂、对化学药品苯硫脲(PTC)的尝味能力的差异等性状。一般认为，这些相对性状均由一对等位基因控制。假定人类某群体在某基因座上的基因 A 的频率为 $p(A)$，基因 a 的频率为 $q(a)$，若群体处遗传平衡状态。则基因频率和基因型频率保持如下关系：

$$[p(A)+q(a)]^2=p^2(AA)+2pq(Aa)+q^2(aa)$$

现分两种情况讨论：

(1)不完全显性

如人类对PTC尝味能力的差异表现为不完全显性遗传，也就是说，观察到的三种表现型可对应于三种基因型，这样就能直接从三种表现型的观察人数算出表现型频率，进而算出基因频率。现假定某人群有 N 个个体，并在 $A-a$ 基因座上有：

基因型：　　　　　　　AA　Aa　aa

基因型观察人数：　　　P'　H'　Q'

这里 $P'+H'+Q'=N$，则上述三种基因型频率分别为：

$$D=\frac{P'}{N},\quad H=\frac{H'}{N},\quad R=\frac{Q'}{N}$$

于是基因频率为：

$$p(A)=D+\frac{1}{2}H,\ q(a)=R+\frac{1}{2}H$$

再假定该人群处于遗传平衡状态，根据已估算出的 p 和 q 可算出三种基因型的理论频率及其相应人数，再与相应的实际观察人数比较，运用 χ^2 测验法，即可得出该人群是否处于遗传平衡状态的结论。

(2)完全显性时

人类还有一些性状，如卷舌与非卷舌、有耳垂与无耳垂，由于基因 A 对基因 a 为完全显性，所以只有两种表现型的区别，因而不能用表现型观察数值直接算出基因频率。但我们可以假定该性状处于遗传平衡状态，于是表现型[A](显性性状，它包括 AA 和 Aa 两种基因型)的频率为 p^2+2pq，而另一种表现型[a](隐性性状，基因型 aa)的频率为 q^2，由此可用下式分别算出 p 和 q：

$$q=\sqrt{q^2}=\sqrt{[a]\text{的频率}},\ p=1-q$$

再根据已算出的 p 和 q，推算出各基因型频率，最后算出表型[A]中纯合体与杂合体的比例。若该性状在某人群中已做过广泛的调查，并已知[A]和[a]的频率，那么再通过 χ^2 测验法可得出你所调查的班组是否为该人群的一个样本的结论。

2. 复等位基因的遗传平衡

以 ABO 血型为例，设 I^A、I^B、i 基因频率分别为 p、q、r，若群体处于遗传平衡，基因频率与基因型频率有如下关系：

$$[p(I^A)+q(I^B)+r(i)]^2=p^2(I^AI^A)+q^2(I^BI^B)+r^2(ii)+2pq(I^AI^B)+2pr(I^Ai)+2qr(I^Bi)$$

由表型频率可推知基因频率，假定分别表示 $\bar{A}$、$\bar{B}$、$\overline{AB}$、$\bar{O}$ 型的表型频率，则有

$$\bar{A}=p^2+2pr,\ \bar{B}=q^2+2qr,\ \overline{AB}=2pq,\ \bar{O}=r^2$$

$$r=\sqrt{r^2}=\sqrt{\bar{O}}$$

$$p=1-(q+r)=1-\sqrt{(q+r)^2}=1-\sqrt{q^2+2qr+r^2}=1-\sqrt{\bar{B}+\bar{O}}$$

同理：

$$q=1-\sqrt{\bar{A}+\bar{O}}$$

算出基因频率后，即可算出各种血型的理论频率及人数，最后做 χ^2 测验，以检验该群体是否处于遗传平衡状态。

学生可对本班同学对 PTC 的尝味能力、ABO 血型、卷舌、眼睑、耳垂、发式与发旋等性状进行调查。根据调查数据，先分别计算出控制各性状的基因频率和基因型频率，然后运用遗传平衡定律对该人群做进一步的群体遗传学分析。

三、实验用品

1. 实验器具

天平 、烧杯、量筒、容量瓶、滴管、镊子、显微镜、双凹玻片(或普能载玻片)、采血针、青霉素小瓶、试管、吸管、记号笔、胶布、牙签或小玻棒、试管架、小镜子、棉球、计算机。

2. 实验药品

(1)对 PTC 尝味能力的测试

苯硫脲(phenylthiocarbamide，PTC)，是一种白色的结晶状化合物，呈苦味，对人无毒无副作用。

(2)ABO 血型检测

A 型和 B 型标准血清、70%乙醇、0.9%生理盐水。

四、方法步骤

1. PTC 尝味能力的测试

(1)PTC 溶液的配制

称取 1.3 g 苯硫脲定溶于 1 L 蒸馏水中，摇匀，在 20 ℃温度下放置 2 d 可完全溶解制

成原液。该原该浓度（1/750）定为 1 号溶液，然后依次等量对半稀释至 14 号溶液（1/6000000）。将配置好的 14 种不同浓度的 PTC 溶液分别置于已消毒的瓶内。

（2）测试

同学间相互检测对方，受测者从 14 号溶液开始依次尝味，测试时，受测者坐在椅子上，仰头张开嘴，用滴管向受测者的舌根部滴 5～6 滴溶液，然后记录受测者第一次尝到苦味的等级号。对尝味结果不确切或模棱两可者重复测试，直到认为可靠后才记录其溶液等级号。注意测试时一定要从低浓度到高浓度，每换不同号的溶液时要用蒸馏水漱口。另外，在测试时需用蒸馏水和 PTC 溶液交替测试，以避免受测者的臆想和猜测。

（3）确定受测者的基因型

尝味阈值≥11 号者基因型为 *TT*，尝味阈值<7 号者基因型为 *tt*（味盲），尝味阈值范围为 7～10 号液者其基因型为 *Tt*。

（4）汇总统计

将全班同学的测试结果列于统计表，待做进一步分析。

2. ABO 的血型的检测

（1）检测原理

ABO 血型由一组复等位基因（I^A、I^B 和 i）控制，有四种血型，见表 22-1。

表 22-1　ABO 血型遗传特征

表型	基因型	红细胞膜上的抗原	血清中的天然抗体
A	I^AI^A、I^Ai	A	抗 B(β)
B	I^BI^B、I^Bi	B	抗 A(α)
AB	I^AI^B	A、B	
O	ii		抗 A(α)、B(β)

由于 A 抗原只能和抗 A 结合，B 抗原只能和抗 B 结合，因此可利用已知的 A 型标准血清（即 A 型人的血清，又叫抗 B 血清）和 B 型标准血清（即 B 型人的血清，又叫抗 A 血清）来鉴定未知血型，即如某种血液其红细胞在 A 型标准血清中发生凝集反应者为 B 型，若在 B 型血清中发生凝集反应者为 A 型，在两种标准血清中均发生凝集反应者为 AB 型，而在两种标准血清中均发生凝集反应者为 O 型。

（2）测试步骤

本测试采用玻片法，其步骤是：

①取一清洁双凹玻片（或用玻璃腊笔划出方格的普通载玻片代替），两端上角分别用记号笔注明 A 和 B 及受试者姓名，然后分别用吸管吸取 A 和 B 型标准血清各一滴，滴入相应凹面（或方格）内。

②采血：用 70%乙醇棉球消毒受试者的耳垂和指端，乙醇干后用无菌采血针刺破皮肤，用吸管取 1～2 滴血放入盛有 0.3～0.5 mL 生理盐水的青霉素小瓶中，用吸管轻轻打成约 5%的红细胞生理盐水悬浮液。

③在玻片的每一凹格（或方格）内分别滴入 1 滴制备好的红细胞生理盐水悬液，注意滴管不要触及标准血清，然后立即用牙签或小玻棒分别搅拌液体，使之充会混匀。

④观察：在室温下每隔数分钟轻轻晃动玻片数次，以加速凝集，待 10~30 min 后观察有无凝集反应发生。是否产生凝集反应的标准为：若混匀的血清由混浊变为透明，出现大小不等的红色颗粒，表示红细胞已凝集；若仍呈混浊状，无颗粒出现，则为无凝集反应发生；注意若观察不清，可用显微镜在低倍镜下观察。

⑤根据上述测试原理的标准，再依据血型检查结果，即可判断血型。

注意：若学生已知自己的血型，则本测试可以不做。

3. 卷舌性状态调查

能将舌的两侧在口腔中向上卷起呈 U 状者称卷舌者，受显性基因 T 控制，表现型为[T]；不能卷舌者称之为非卷舌者，表现型为[t]，该性状受一个基因座控制，卷舌对非卷舌呈显性。

4. 耳垂性状的调查

有耳垂者表现型为[F]，无耳垂者表现型为[f]，该性状也受一个基因座控制，有耳垂对无耳垂为显性。

5. 眼睑性状的调查

眼睑为单重睑(俗称单眼皮)者，表现型为[e]，眼睑为双重睑(俗称双眼皮)者，表现型为[E]，一般认为，双眼皮受显性基因控制，为显性性状，而单眼皮为隐性性状，但眼睑性状的遗传方式尚有争议，有待于进一步探讨。

6. 发式与发旋的调查

人的发式有卷发和直发之分，直发为隐性性状，表现型为[h]；而卷发则为显性性状，表现型为[H]。而发旋，即人头顶稍后方的中线处有一螺纹，其螺纹方向受遗传控制，顺时针方向为显性性状，记为[A]，而逆时针方向为隐性性状，记为[a]。

将上述各性状的调查结果记录于表 22-2。

表 22-2　人类遗传性状调查表

受试者所在班级：　　　　　　　　　调查日期：

姓名	对 PTC 的尝味能力			卷舌		耳垂		眼睑		发式		发旋		血型			
	TT	Tt	tt	[T]	[t]	[F]	[f]	[E]	[e]	[H]	[h]	[A]	[a]	A型	B型	AB型	O型
……																	
总计																	

五、作业

根据本班 PTC 尝味能力、ABO 血型的调查结果，算出有关基因的频率，用χ^2 测验法来检验上述性状在本班是否处于遗传平衡状态。

六、思考题

根据本班卷舌、耳垂、眼睑、发式、发旋的调查结果，试算出有关的基因频率和基因型频率，并推算出显性表型中纯合体与杂合体的比例。

实验二十三　小叶杨群体的 SSR 标记遗传平衡分析

一、实验目的

针叶树和阔叶树是树木常见的两大类群，其中阔叶树一般为被子植物，本实验以杨树为被子植物代表，学习了解杨树群体遗传学分析的基本方法，进一步掌握验证遗传平衡定律的方法。

二、实验原理

DNA 是遗传物质的载体，遗传信息就是 DNA 的碱基排列顺序，因此直接对 DNA 碱基序列进行分析和比较是评估群体遗传平衡的理想方法。分子标记具有如下优点：①直接以 DNA 的形式表现，不受环境、季节及个体发育状况等其他因素的影响；②不存在上位性效应；③数量极多，几乎遍及整个基因组；④多态性高，不需专门创造特殊的遗传材料；⑤表现为中性标记，既不影响目标性状的表达，又与不良性状无必然的连锁；⑥大多数分子标记表现为共显性，能有效鉴别出纯合基因型和杂合基因型，从而提供系统完整的遗传信息。

在众多 DNA 分子标记中，SSR（microsatellite，or simple-sequence-repeat，微卫星或简单重复序列）是 DNA 序列中以较短的核苷酸基序（1~6 bp）为重复单位，一般重复的基序为 1~4 bp，以串联的形式重复 10~60 次。由于基序重复数的不同，而形成 SSR 座位的长度多态性。一般来说，基序越长，变异越丰富。SSR 是共显性标记，操作简便，稳定可靠，是一种广泛应用的 DNA 分子标记。

小叶杨群体中的 SSR 变异很丰富，当 1 对 SSR 引物在群体中扩增出 3 个以上的多态性条带，利用 SSR 标记进行遗传平衡分析就需按照复等位基因的遗传平衡分析方法，由 SSR 标记出现的频率推知基因频率，算出基因频率后，即可算出各种 SSR 标记的理论频率及个体数，最后做卡方检验，以检验该小叶杨群体是否处于遗传平衡状态。

三、实验用品

1. 实验材料

（1）小叶杨叶片

提前采集的天然小叶杨群体中无亲缘关系的 30~50 个个体的幼嫩新鲜叶片。每位同学负责 1~2 个小叶杨样品。

（2）SSR 引物

编号：ORPM _ 260；正向引物：TTCTAGTCCTGGCATAGCTTCA，反向引物：CAGAGATTTGAATCGCAGCA；长度 220 bp；重复序列：AAT。

2. 实验器具

离心机、Nanodrop 2000 分光光度计、PCR 扩增仪、PCR 板、电泳仪、紫外仪、研磨棒、恒温水浴锅、振荡器、移液枪、管制冰机、容量瓶、试剂瓶、玻璃棒、量筒、记号笔、滤纸、卫生纸、千分之一天平、万分之一天平、高压灭菌锅、−20 ℃冰箱、−80℃超低温冰箱、移液器、1.5 mL 离心管等。制备好的变性聚丙烯酰胺凝胶(制备方法见附文)。

3. 实验药品

①主要试剂：植物基因组 DNA 提取试剂盒、DNA Maker 均购自天根生化科技有限公司、无水乙醇、ddH_2O。(以下几种试剂学生只要求了解配方比例，无须操作；对应试剂在 DNA 试剂盒中已经提供)

②0.5 mol/L EDTA(pH 8.0)：181.1 g $Na_2EDTA \cdot 2H_2O$(二水乙二胺四乙酸二钠盐)，溶于 800 mL 去离子超纯水中，振荡，用固体 NaOH 调 pH 至 8.0，定容至 1000 mL，高温灭菌，室温贮存。

③50×TAE：242 g Tris，57.1 mL 冰醋酸，100 mL 0.5 mol/L EDTA(pH 8.0)，加入去离子超纯水振荡、溶解，定容至 1000 mL，4℃保存，工作液为 1×TAE。

④10×TBE：108 g Tris 碱，55 g 硼酸，7.44 g EDTA，加入去离子超纯水振荡、溶解，定容至 1000 mL，室温保存。

⑤溴酚蓝上样缓冲液：0.25 g 溴酚蓝、0.25 g 二甲苯腈蓝、30 mL 甘油溶加入去离子超纯充分溶解后定容至 100 mL。

2×PCR Master Mix 中包含 Taq 酶、dNTPs、$MgCl_2$、buffer 缓冲液等、引物、ddH_2O、琼脂糖、1×TAE 缓冲液、Gold View 核酸染料

四、方法步骤

1. DNA 提取和检测

①取约 300 mg 的供试幼嫩新鲜材料放置于研钵中，加少量 PVP(聚乙烯吡咯烷酮)，倒入液氮迅速研磨。将磨好的材料转移到冷却的离心管中，加入 65℃的缓冲液 AS 700μL，迅速颠倒混匀，65℃水浴 20 min。其间颠倒离心管混合材料数次。

②加入 700 μL 氯仿，充分振荡混匀，13 000 r/min 离心 5 min。

③将上一步所得上层水相转入一个新的离心管中，加入 700 μL 缓冲液 AL，充分混匀。

④将混匀的液体转入吸附柱，8000 r/min 离心 30 s，弃掉废液(先加 700 μL 离心，弃废液，再加入剩余的溶液，再次离心)。

⑤加入 500 μL 去蛋白液 AD(使用前先检测是否加入乙醇)，8000 r/min 离心 1 min，弃掉收集管中的废液。

⑥加入 700 μL 漂洗液 AW(使用前先检测是否加入乙醇)，12 000 r/min 离心 1 min，弃掉收集管中的废液。

⑦加入 500 μL 漂洗液 AW，12 000 r/min 离心 1 min，弃掉收集管中的废液。

⑧将吸附柱放回废液收集管中，12 000 r/min 离心 2 min，尽量除去漂洗液。

⑨将吸附柱转入一个干净的离心管中，加入 50~200 μL 洗脱缓冲液 EB（洗脱缓冲液应在 60~70℃水浴预热），室温放置 2 min，12 000 r/min 离心 1 min。

⑩离心得到的溶液再加入吸附柱中，室温放置 2 min，12 000 r/min 离心 2 min，最后收集保存并进行检测。

⑪取 5 μL DNA 样品用 1.0%琼脂糖胶电泳检测其质量好坏，使用紫外分光光度计估计其浓度，而后稀释至 20 ng/μL 放置于−20℃冰箱中贮存备用。

2. SSR 引物扩增

PCR 反应体系总体积为 25 μL，其中模板 DNA 60 ng 左右，$MgCl_2$ 1.5 mol/L，1×buffer，dNTPs 0.12 mol/L，正反向引物各 0.12 μmol/L，Taq 酶 1 unit（以上试剂均购自北京天根公司）。扩增程序为：94℃预变性 3 min；94℃变性 45 s，58℃退火 30 s，72℃延伸 1 min，共 30 个循环反应；最后于 72℃延伸 10 min。

3. 扩增产物变性

在扩增产物中加 5μL Loading Buffer，95℃变性 5 min 后立即置于冰浴中待用。

4. 变性聚丙烯酰胺凝胶电泳

①将胶板安装在电泳槽内，向电泳槽的正负极加入 1×TBE 电极缓冲液。

②恒定功率 90W 预电泳 30 min。

③清除胶面沉积的尿素和气泡，插入样品梳子。

④加待用的变性样品 6 μL 后电泳，时间为 90 min。

⑤电泳结束后，小心分开两块玻璃板，胶紧贴在涂有亲和硅烷的玻璃板上。

5. 银染显色

①固定：10%的固定液（60 mL 冰乙酸+540 mL 水）浸泡 30 min，至二甲苯腈蓝消失，回收固定液。

②漂洗：蒸馏水冲洗胶 2 次，5 min/次。

③染色：加银染液（0.6 g 硝酸银+600 mL 水+900 μL 甲醛）染色，约 30 min，弃银染液。

④漂洗：蒸馏水快速漂洗胶，约 10 s。

⑤显影：将胶放入 4℃预冷的显影液（18 g 无水碳酸钠+600 mL 水+900 μL 甲醛+120 μL 的 10 mg/mL 硫代硫酸钠）中，振荡至带型显现为止。

⑥弃显影液，将胶放入回收的固定液中振荡 5 min。

⑦最后用蒸馏水冲洗胶 2 次，2 min/次。

⑧观察记录或拍照（图 23-1），进行结果分析。

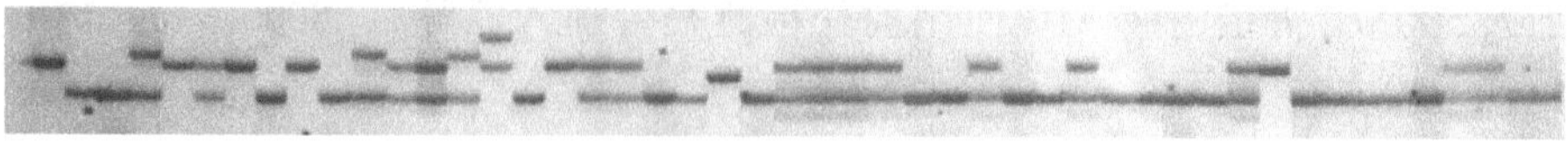

图 23-1　编号为 ORPM_ 260 的 SSR 引物在某小叶杨群体中的扩增电泳图

6. 数据分析

采用 POPGENE 1.32 程序，对群体进行等位基因频率的 Hardy-Weinberg 平衡检验。

五、作业

每人提取到浓度合格的 DNA 并扩增出电泳条带清晰的目标 PCR 产物。全班同学根据汇总的样本群体 SSR 条带调查结果，采用 POPGENE 程序来检验这个 SSR 标记性状在本群体是否处于遗传平衡状态，按要求撰写实验报告。

六、思考题

1. 用 DNA 分子标记做遗传平衡分析具有哪些优点？
2. 什么是 SSR 标记，它有哪些特点？
3. 使用 POPGENE 程序分析遗传平衡需注意哪几个要点？

附　变性聚丙烯酰凝胶制备方法

1. 试剂配制

(1)6%变性聚丙烯酰凝胶

尿素	420.42 g
丙烯酰胺	57.00 g
甲叉双丙烯酰胺	3.00 g
10×TBE	100mL

定容至 1000 mL 并过滤，4℃保存。

(2)10×TBE 的配制

Tris Base	216 g
Boric acid(硼酸)	110 g
0.5M EDTA(pH8.0)	74.5 mL

定容至 2000 mL，室温保存。

(3)0.5M EDTA(pH8.0)

186.1 g $Na_2EDTA \cdot 2H_2O$ 溶于水中，用固体 NaOH 调至 pH 值为 8.0，定容至 1000 mL，高温灭菌，室温保存。

(4)20% APS

4g 过硫酸铵溶解于 16 mL ddH_2O 中，分装后-20℃保存。

(5)Loading buffer

98%Formamide	49 mL(100%)
10 mmol/L EDTA(pH8.0)	1 mL(0.5mol/L，pH8.0)
0.25%Bromophenol Blue	0.125 g
0.25%Cynol F.F.	0.125 g

定容于 50 mL，于 4 ℃保存。

2. 变性聚丙烯酰胺凝胶制备

(1)玻璃板清洗

用洗涤剂将玻璃板反复擦洗干净，并用乙醇擦干。平板涂上0.5%亲和硅烷(亲和硅烷15 μL+冰醋酸15 μL+无水乙醇3 mL)，再用乙醇擦干。短板涂上2%剥离硅烷，再用乙醇擦干。

(2)凝胶制备

6% PA胶90 mL+TEMED 50 μL+20%APS 500 μL，充分混匀。

(3)灌胶

把胶沿灌胶口轻轻灌进两玻璃板空隙间，防止出现气泡；待胶流动到底部，在灌胶口插入梳子；需聚合2 h以上。

实验二十四　华北落叶松群体的SSR标记遗传平衡分析

一、实验目的

针叶树和阔叶树是树木常见的两大类群，其中针叶树一般为裸子植物，本实验以华北落叶松为裸子植物代表，学习了解针叶树群体遗传学分析的基本方法，进一步掌握验证遗传平衡定律的方法。

二、实验原理

DNA是遗传物质的载体，遗传信息就是DNA的碱基排列顺序，因此直接对DNA碱基序列进行分析和比较是评估群体遗传平衡的理想方法。分子标记具有如下优点：①直接以DNA的形式表现，不受环境、季节及个体发育状况等其他因素的影响；②不存在上位性效应；③数量极多，几乎遍及整个基因组；④多态性高，不需专门创造特殊的遗传材料；⑤表现为中性标记，既不影响目标性状的表达，又与不良性状无必然的连锁；⑥大多数分子标记表现为共显性，能有效鉴别出纯合基因型和杂合基因型，从而提供系统完整的遗传信息。

在众多DNA分子标记中，SSR（microsatellite，or simple-sequence-repeat，微卫星或简单重复序列）是DNA序列中以较短的核苷酸基序（1~6 bp）为重复单位，一般重复的基序为1~4 bp，以串联的形式重复10~60次。由于基序重复数的不同，而形成SSR座位的长度多态性。一般来说，基序越长，变异越丰富。SSR是共显性标记，操作简便，稳定可靠，是一种广泛应用的DNA分子标记。

本实验选用的针叶树是华北落叶松（*Larix principis-rupprechtii*），它属于松科（Pinaceae）落叶松属（*Larix*），是我国华北地区山地的主要造林树种。其生长速度快、木材材质好、用途广、腐朽耐力强，是营造经济生态林的良好树种，同时也是杰出的防护林树种。华北落叶松群体中有多种SSR变异，当1对SSR引物在群体中扩增出3个以上的多态性条带，利用SSR标记进行遗传平衡分析就需按照复等位基因的遗传平衡分析方法，由SSR标记出现的频率推知基因频率，算出基因频率后，即可算出各种SSR标记的理论频率及个体数，最后做卡方检验，以检验该华北落叶松群体是否处于遗传平衡状态。

三、实验用品

1. 实验材料

（1）华北落叶松针叶

提前采集天然华北落叶松群体中无亲缘关系的30~50个个体的幼嫩针叶于−80 ℃冰箱

中冷冻保存备用。每位同学负责 1~2 个样品。

(2)SSR 引物

编号：F42；正向引物：AACACTTTAATCCCCTCCC，反向引物：CTGGACCTGATACTCCTCTTC；长度 190~220 bp；重复序列：CAGGAA。

2. 实验器具

离心机、Nanodrop 2000 分光光度计、PCR 扩增仪、PCR 板、电泳仪、紫外仪、研磨棒、恒温水浴锅、振荡器、移液枪、管制冰机、容量瓶、试剂瓶、玻璃棒、量筒、记号笔、滤纸、卫生纸、千分之一天平、万分之一天平、高压灭菌锅、-20℃冰箱、-80℃超低温冰箱、移液器、1.5 mL 离心管等。

3. 实验药品

①主要试剂：CTAB 溶液(详见实验十八)或植物基因组 DNA 提取试剂盒、DNA Maker 均购自天根生化科技有限公司、无水乙醇、ddH$_2$O、氯仿、异戊醇、异丙醇等。(以下几种试剂学生只要求了解配方比例，无须操作；对应试剂在 DNA 试剂盒中已经提供)

②0.5 mol/L EDTA(pH 8.0)：181.1 g Na$_2$EDTA · 2H$_2$O(二水乙二胺四乙酸二钠盐)，溶于 800 mL 去离子超纯水中，振荡，用固体 NaOH 调 pH 至 8.0，定容至 1000 mL，高温灭菌，室温贮存。

③50×TAE：242 g Tris，57.1 mL 冰醋酸，100 mL 0.5 mol/L EDTA(pH 8.0)，加入去离子超纯水振荡、溶解，定容至 1000 mL，4℃保存，工作液为 1×TAE。

④10×TBE：108 g Tris 碱，55 g 硼酸，7.44 g EDTA，加入去离子超纯水振荡、溶解，定容至 1000 mL，室温保存。

⑤溴酚蓝上样缓冲液：0.25 g 溴酚蓝、0.25 g 二甲苯腈蓝、30 mL 甘油溶加入去离子超纯充分溶解后定容至 100 mL。

2×PCR Master Mix 中包含 Taq 酶、dNTPs、MgCl$_2$、buffer 缓冲液等、引物、ddH$_2$O、琼脂糖、1×TAE 缓冲液、Gold View 核酸染料。

四、方法步骤

1. DNA 的提取(CTAB 法)

①从-80 ℃冰箱中取出针叶，放入研钵中，倒入液氮，加入 PVPP(交联聚乙烯吡咯烷酮)少许，迅速研磨，一般要倒 2~4 次能把针叶磨碎；磨碎后用 2 mL 离心管装至三分之一处。放入-80 ℃冰箱，待提。

②将 2%的 CTAB 溶液放于 65 ℃水浴锅中预热。

③从冰箱中取出装有针叶的离心管，加入 1200 μL 的 CTAB，同时加入 20 μL 巯基乙醇。

④放入 65 ℃水浴锅中，保温 60 min，期间每 5 min 轻摇一次。

⑤取出预热过的离心管，12 000 r/min 离心 10 min。

⑥取上清，放入 2 mL 离心管，加入等体积氯仿：异戊醇(24：1)(在通风橱中操作)，摇晃 5 min，充分抽提蛋白和酚类物质。

⑦12 000 r/min 离心 10 min，取上清，一定不要吸到中间的蛋白层。

⑧重复 6 和 7，直到中间蛋白层消失后。

⑨取上清，放入 1.5 mL 的尖头离心管。

⑩加入等体积已经-20 ℃遇冷过的异丙醇，轻轻摇晃，此时会看到析出絮状物质，此为 DNA，放入 4 ℃冰箱沉淀 30 min。

⑪取出沉淀后的离心管，12 000 r/min 离心 5 min，DNA 会沉淀在 1.5 mL 离心管的底部，倒掉上清液流沉淀，用 70%乙醇漂洗 2 次，室温晾干。

⑫加入 200 μL 1×TE 缓冲液溶解，放入 4 ℃冰箱保存。

2. DNA 的纯化

①加入 2.5 μL RNaseA，37℃水浴，保温 1 h。

②加入等体积氯仿：异戊醇(24：1)(在通风橱中操作)，摇晃 5 min，充分抽提蛋白和酚类物质。

③12 000 r/min 离心 10 min，取上清，一定不要吸到中间的蛋白层。

④重复 9、10、11、12 步。

3. 基因组 DNA 的检测

①取 5 μL 基因组 DNA，加入 2 μL 溴酚蓝和二甲苯腈蓝配成的 buffer，配置 0.8%的琼脂糖凝胶，进行恒压电泳，电压 120 V，电泳 30 min，待指示带跑到适当位置，停止电泳，取出凝胶，放入 EB 染色 12 min，通过凝胶成像系统观察 DNA 是否降解、是否含有其他杂质。

②对于 DNA 完好的样本，用 Nanodrop 测量其 DNA 浓度，以及是否存在大量的蛋白或 RNA 污染，看看吸收峰是否明显，根据浓度最终稀释成 20 ng/μL。一般来说 OD_{260}/OD_{280}，范围在 1.8~2.0 比较好，如果只是做 PCR 扩增，偏离一些也无关紧要，只要在 DNA 的吸收值上峰值明显就可。

4. SSR 引物扩增

PCR 反应体系总体积为 20 μL，其中 10×Buffer 2 μL、dNTP(2.5 mmol/L)为 1.6 μL、引物 F、R 均为 0.4 μL、Mg^{2+}(25 mmol/L)0.8 μL、Taq 酶(2.5 U/μL)0.4 μL、DNA 模板(20 ng/μL)1 μL，然后加入双蒸水 13.4 μL 补齐。

扩增程序为：95℃预变性 7 min，在 95℃下变性 30 s，在 51℃退火温度下退火 45 s，72 ℃延伸 1 min，35 个循环，72℃延伸 10 min。

5. SSR 扩增产物的检测

SSR 产物的检测用 8%的聚丙烯酰胺凝胶电泳，具体步骤如下：

①放板：将已经清洁干净的两块玻璃板用夹子固定住，放置在同一个平面内，把梳子插入凹槽内，梳子松紧合适，若不合适及时调整夹子的力度和位置。

②配胶：由于双面电泳槽，所以配胶需配双份。将 56 mL 蒸馏水倒入配胶用的三角瓶中，随后依次加入 10 倍 TBE 8 mL、40%聚丙烯酰胺 16 mL、TEMED 80 mL 以及 10% AP 800 mL，不要摇晃防止产生气泡。

③灌胶：灌胶要保持玻璃板的水平面，将配置好的胶液沿着凹口灌入两块玻璃板之间，待胶占满两片玻璃之间的空隙时，插入梳子(注意一定不要产生气泡)，晾干 45 min。

④上样：胶凝固后，将梳子拔出，放入垂直双面电泳槽中，加入 TBE 直到没过玻璃板

底部；向 20 μL 体系的 PCR 扩增产物中加入 loading buffer 3 μL，吹打几次，吸 2.5 μL 加到点样孔中，最左侧加 2 μL Marker。

⑤电泳：电压 200 V，电泳约 1 h，一般到前沿指示剂跑出就可停止。

6. 银染检测

①漂洗：向染色盒中加入 200 mL 蒸馏水，将电泳后的玻璃板玻璃，取出凝胶(注意凝胶的完整性不要撕裂)，漂洗几下，倒掉蒸馏水。

②染色：在加入 200 mL 蒸馏水，加入 10%的硝酸银溶液 2 mL，避光，摇晃 10 min。

③清洗：染色完毕后，将染色盒中的染色液倒掉，加入 200 mL 蒸馏水漂洗，漂洗 2 次，把凝胶上沾的硝酸银洗掉。

④显色：把漂洗用的蒸馏水倒掉，加入 200 mL 1.5%的氢氧化钠溶液，同时，加入 1 mL 甲醛。轻轻摇晃，直到有清洗的条带显示出来。

⑤清洗：条带显示出来后，倒掉显色液，加入蒸馏水清洗几次。

⑥观察与保存：用保鲜膜将凝胶封住，放在灯上观察或拍照(图 24-1)统计条带，统计完后放入纸箱中保存。

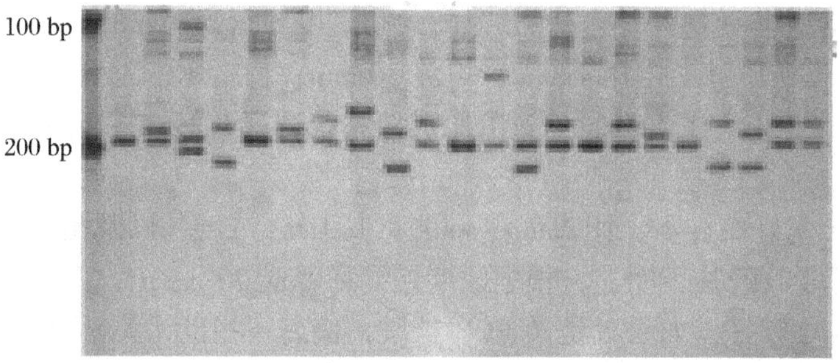

图 24-1 编号为 F42 的 SSR 引物在某华北落叶松群体中的扩增电泳图

7. 数据分析

采用 POPGENE 1.32 程序，对群体进行等位基因频率的 Hardy-Weinberg 平衡检验。

五、作业

每人提取到浓度合格的 DNA 并扩增出电泳条带清晰的目标 PCR 产物。全班同学根据汇总的样本群体 SSR 条带调查结果，采用 POPGENE 程序来检验这个 SSR 标记在本群体是否处于遗传平衡状态，按要求撰写实验报告。

六、思考题

1. 采集群体样本材料时为什么要选无亲缘关系的个体？
2. SSR 标记有哪些特点？
3. 如何确定引物的退火温度？

综合作业题

1. 一个处于平衡状态群体，其基因频率和基因型频率的关系是________________。
2. 影响群体遗传平衡的因素有____________、____________和____________等。

第五篇　综合设计实验

此部分为遗传学实验课教学改革内容，主要目的是培养学生的综合能力和创新意识。在培养学生的观察、分析问题和解决问题、动手操作及撰写论文能力的同时还注重培养学生的交流协作与领导能力。主要方法是模拟现实科研环境，以学生主动学习为主，鼓励学生积极创新。最后从设计思想、实验组织与操作、实验报告书写等方面对学生的能力进行综合考评。

实验二十五　果蝇性状的综合遗传分析

一、任务背景与要求

你和几位同学到北京市的一所中学参加为期一个月的社会实践活动。在欢迎会上，校长对我校支援他们的全自动高温灭菌锅表示十分感谢。因为看到你带了遗传学实验指导书，他们就询问你们都学习了哪些内容，当听说你们刚学过果蝇的培养与一对性状差异的果蝇杂交试验，还没有学其他内容时，校长很高兴听到这消息，因为他们刚组建了一个生物学实验室，引进了一些果蝇品系，还不知道如何培养与杂交，要求你们能培训他们的教师。当你们把情况向生物学院汇报后，学院要求你们一定要按期出色地完成这两项任务，并在返校时，上交果蝇生活史观察记录和按我校学报发表论文要求格式的两对以上性状差异的果蝇杂交的遗传分析报告。

二、实验室条件

1. 实验材料

黑腹果蝇的突变品系：黑檀体(*ee*)、残翅(*vgvg*)、三隐性(白眼，小翅，卷刚毛)等。

2. 实验器具

实体解剖镜、手持放大镜、麻醉瓶、培养瓶、白塑料板(白瓷板)、毛笔等。

3. 实验药品

乙醚、配制果蝇培养基所需的原料等。

三、实验组织规则

①由学生自己选择合作伙伴组成2~4人的小组完成整个实验任务。

②在查阅文献资料的基础上，以小组为单位确定或选择所要研究的果蝇性状，设计杂交组合，制订实验计划，并写出每一计划的具体操作步骤。由指导教师检查通过其计划和操作步骤方可进行实验。

③在操作过程中，学生需独立完成自己的实验，由小组同学自主控制自己的时间安排和实验进度。指导教师仅起辅助作用，如实验室安全问题、仪器的正确使用示范等。

④学生要根据自己实验记录的现象和数据，统计处理和综合分析讨论，写出规范的实验报告。教师给出实验报告书写的一般性指导。

四、考评标准

1. 可行性与创新性

实验计划和实验步骤是否合理可行，时间安排是否恰当等，在性状选择、研究方法、操作技术等方面有无新意。

2. 协调性与实践性

实验过程的参与程度和责任感，包括出勤、实验的组织、同学之间协作及领导能力、操作技术的掌握、新方法的探索等。

3. 规划性与针对性

观察记录和实验报告完成的质量，包括查阅文献是否广泛、报告格式及图表规范化程度，记录实验现象与分析实验结果的能力，讨论问题和提出自己看法的能力等。

4. 综合评分

上述三部分的成绩按比例计算，得出学生的实验课成绩。

实验二十六　植物多倍体诱导条件的优化

一、任务背景与要求

植物多倍体在许多方面优于二倍体，特别是在生长和形态方面的巨大性，使其产生了很高的经济效益。社会上成立了许多育种公司进行植物多倍体的研发，彼此之间竞争十分激烈。你和你的同学刚加盟三毛多倍体育种公司(简称三毛公司)，三毛公司是国际上知名的育种公司，该公司研究人员开发能力卓著，以科学严谨，经济管理严格为特色，他们培育的多倍体杨树享誉世界，为中国的经济发展做出了杰出贡献。如何开发出的技术或品种好、开发时间短、开发成本低是保证公司在市场竞争中立于不败之地的制胜法宝。在公司最近开发的一批植物多倍体诱导研究中发现，有效秋水仙素溶液诱导浓度范围在0.1%~0.5%，但所需时间较长，诱导实验成本较高。为此，公司提供一笔小额研究经费，要求你和你的同学在尽可能短的时间内，优化其中一种植物的多倍体诱导条件。要求提交研发报告，包括实验费用核算登记、实验进程项目考核单和按植物学报要求的论文格式完成的实验报告。三毛公司经常用这种小型实验发现和留用具有研发潜力的优秀年轻人才。

二、实验室条件

三毛多倍体育种公司拥有现代化的实验室，完全能够满足诱导实验的要求，但所用的实验材料、药品由研究者自己购买，并支付实验室占用费、仪器使用费等。具体收费标准见表26-1。

表26-1　具体费标准

项　目	收费金额	项　目	收费金额
实验室占用费	10元/d	一般试剂使用费	20元/d
仪器使用费	20元/d	各种植物种子	0.1元/粒
秋水仙素	500元/g	……	……

三、实验组织规则

本实验组织规则与实验二十一相同。

四、填报相关表格

三毛多倍体育种公司要求填报表26-2~表26-3。

表 26-2　三毛公司实验费用核算登记表

小组名称	科研经费(元)	支出合计(元)	余额(元)

表 26-3　实验进程项目考核单

研究小组名称

小组成员：

考核项目	考核评价	三毛公司验收签字
实验设计与进度安排计划书		
种子萌发成功		
多倍体形态学鉴定		
多倍体细胞学鉴定		

注：此单与小组实验报告一起交。

实验二十七　人类 ABO 血型分子基因分型与群体遗传平衡分析

一、任务背景与要求

人类的 ABO 血型系统作为一种遗传标记，在临床输血、遗传学、法医学和人类学等许多方面具有重要的应用价值，并且在不同人种、不同民族、不同区域中的分布存在差异。在分子遗传学技术被应用于免疫血液学研究之前，ABO 血型的鉴定一直是通过血清学方法和家系调查来进行。1990 年后的分子遗传研究表明，ABO 基因核苷酸序列具有高度的保守性和同源性，通过分析几个核苷酸的变化可以确定 ABO 血型的基因型。

本次大实验以班级为调查的孟德尔群体，同学自愿组成 3~5 人的小组，分 3 次课分别完成 DNA 提取、目的片段 PCR 扩增、目的片段酶切的分子实验操作，检测出本组每个同学的血型基因型。且要求各小组选择分子基因分型技术中一个环节自主设计试验进行优化；明确每人的血型基因型后，统计全班同学的 6 种血型基因型人数，用 Popgene 等软件分析群体的基因型频率、等位基因频率，并检验群体是否处于遗传平衡状态。

二、实验目的

①了解人类血型性状有关的分子遗传知识，掌握 PCR-RFLP 基因分析技术，包括 DNA 提取、目的片段 PCR 扩增、酶切目的片段、电泳、分型谱带判读。

②了解遗传平衡定律的内容及其应用、掌握不同群体多种性状基因型调查方法、掌握 Popgene 等软件群体遗传分析方法。

三、实验要求

以小组为单位提交：

①实验进程项目考核单。

②按《植物遗传资源学报》论文格式撰写的大实验报告。

人类 ABO 血型序列酶切特性与检测实验方案

一、人类 ABO 血型序列的酶切特性

ABO 血型是发现最早、应用最广泛的人类血型，ABO 血型物质广泛地分布在人体组

织和体液中。

人类血型的等位基因：I^A、I^B、i。人类血型的表型与基因型见表27-1：

表27-1　人类血型与基因型

表型	基因型	表型	基因型
A血型	$I^A I^A$、$I^A i$	AB血型	$I^A I^B$
B血型	$I^B I^B$、$I^B i$	O血型	$i\ i$

经过筛选、测序后发现A基因和B基因之间有7个单碱基替换：A294G、C523G、C654T、G700A、C793A、G800C和G927A。而O基因在靠近N端出现258G单碱基缺失，形成移码变异，编码出无糖基转移酶活性的蛋白质。已确定A、B基因之间的单碱基替换以及O基因258G缺失形成的3个等位基因特异性限制酶识别位点。我们选择了其中2个特异性限制酶识别点即G700A和258G缺失。

引物序列为：

- 引物1：5′-CACCGTGGAAGGATGTCCTC-3′
- 引物2：5′-AATGTCCACAGTCACTCGCC-3′
- 引物3：5′-GTGGAGATCCTGACTCCGCTG-3′
- 引物4：5′-CACCGACCCCCCGAAGAA-3′

等位基因i碱基序列的N端258G单碱基缺失，移码突变，不能编码糖基转移酶。因此在红细胞膜上没有A，B抗原的产生。

- 引物1，2和3，4可以分别扩增出200 bp，199 bp；159 bp片段。
- 等位基因A、B用1，2引物，PCR产物200 bp，等位基因O(258位G缺失)PCR产物199 bp。
- 等位基因A、B、O用3，4引物，PCR产物159 bp。
- 限制性内切酶kpn I：O基因PCR产物199 bp切出171 bp+28 bp。
- 限制性内切酶kpn I：A、B基因PCR产物200 bp没有该酶的切点依然是200 bp。
- 限制性内切酶Alu I：A、O基因PCR产物159 bp没有该酶的切点依然是159 bp。B基因PCR产物159 bp切出118 bp+41 bp。

各等位基因两对扩增产物酶切结果见表27-2。

表27-2　人类血等位基因扩增产物酶切结果

等位基因	1，2引物的扩增产物Kpn I酶切	3，4引物的扩增产物Alun I酶切
I^A	200	159
I^B	200	159=118+41
i	199=171+28	159

各血型基因型两对扩增产物酶切结果见表 27-3。

表 27-3 人类血等位基因扩增产物酶切结果

血型	基因型	1，2 引物的扩增产物 Kpn I 酶切	3，4 引物的扩增产物 Alun I 酶切
A 型	$I^A I^A$	200	159
	$I^A i$	200；171+28	159
B 型	$I^B I^B$	200	118+41
	$I^B i$	200；171+28	159；118+41
AB 型	$I^A I^B$	200	159；118+41
O 型	$i\ i$	171+28	159

二、检测实验方案

(一) DNA 的提取、检测与保存(第 1 次实验)

1. DNA 提取方法

(1) KI 法

①收集唾液：头天晚上睡觉前被收集者要刷牙漱口，洗去口腔中过多的老化细胞、食物残渣、牙膏、咖啡、烟等抑制 PCR 的物质，第二天早上刷牙前收集唾液，用舌头围绕口腔刮取黏膜细胞 5 min，将唾液直接吐进 2 mL 离心管中，收集 2 个离心管。

②收集细胞：戴好手套和口罩，将收集的唾液按 1 mL/管分装，在装有 1 mL 唾液的离心管中加入 1×PBS 1 mL，反复吹打 8～10 次后，8000 r/min 离心 5 min，弃上清液。在各管中加入 1×PBS 0. 25 mL，吹打均匀，合并入 1 个离心管中，再 8000 r/min 离心 5 min，弃上清液。

③细胞破膜与变性蛋白质：溶解加 100 μL 5 mol/L 碘化钾，漩涡振荡 30s 至沉淀溶解，加 0. 9% NaCl 500 μL，750 μL 氯仿：异戊醇(24：1)，振荡 30 s，10 000 r/min 离心 5 min，吸取上清液(约 500 μL)于 1. 5 mL 锥形离心管中，注意不要吸到蛋白层，加氯仿、异戊醇混合液时要在通风厨完成，并把吸完上清剩下的离心管扔到废液缸中。

④沉淀 DNA：加异丙醇 300 μL，轻轻混匀，10 000 r/min 离心 5 min 弃上清液。

⑤沉淀 DNA：加冷无水乙醇 1000 μL，10 000 r/min 离心 5 min，弃无水乙醇，将样品放置于 37 ℃烘箱中 5～8 min 烘干。

⑥溶解保存 DNA：加 50 μL ddH_2O 放置于 50 ℃烘箱中 10 min 溶解备用。

(2) SDS 法

①收集唾液：收集唾液前，必须让被收集者漱口。漱口能洗去口腔中过多的老化细胞、食物残渣、牙膏、咖啡、烟等抑制 PCR 的物质。0. 5 h 内不要喝水、进食、吸烟，然后舌头围绕口腔刮取黏膜细胞，将约 0. 5 mL 唾液直接吐进 2 mL 离心管中。

②收集细胞：在装有 0. 5 mL 唾液的离心管中加入 1×PBS 1 mL，反复吹打 8～10 次后，8000 r/min 离心 5 min，弃上清液。重复该过程一次。

③细胞破膜：向离心管中加入预热 SDS 裂解液 1 mL 悬浮沉淀，然后置于 37 ℃水浴锅中消化 2～3 h，每 0. 5 h 颠倒离心管几次，使裂解液与细胞充分接触。

④变性蛋白质：取出离心管，加入 800 μL 氯仿：异戊醇(24：1)，充分颠倒混匀 5 min。

⑤分离 DNA：12 000 r/min 离心 8 min，吸取上清液(不要吸到中间蛋白层)至另一个 2 mL 离心管中。

⑥重复步骤④、⑤；若蛋白较多，可重复步骤④、⑤至 4 次。

⑦沉淀 DNA：加入等体积预冷的异丙醇，摇动离心管，使混合均匀，4 ℃沉淀 10~20 min。

⑧分离 DNA：12 000 r/min 离心 10 min，弃上清液。

⑨清洗 DNA：加入 800 μL 70%的乙醇清洗，弃乙醇后倒置在吸纸上至少 2 h。

⑩溶解保存 DNA：2 h 后加 1×TE 50 μL，放置在 4 ℃冰箱中，时间为 18 h，或放置于 50 ℃烘箱中 10 min 溶解备用。

2. DNA 浓度的检测

仪器：Nanodrop 2000 分光光度计。

操作方法：

①双击桌面 NanoDrop 图标启动软件，选择需要测的项目——核酸/蛋白，选择项目后，会弹出一个对话框，点击 OK 仪器开始初始化，可以听见“滴”的声音。5~6 s 后屏幕上的提示信息消失，表示初始化完成。

②确保缓冲液均一性良好，用样本的缓冲液(TE)做 blank 对照，接着把 2 μL ddH_2O 滴至仪器测样点，作为样本测量，看所得光谱是否平坦，所得的吸光度值是否在零附近；若不平坦，重复上述步骤 2~3 次直到光谱线平坦，吸光度值在零附近。

③确保样本均一性良好，点击 Measure 开始做样本测量，每次测量的样品量建议不少于 2 μL。若连续做测量同一缓冲液的样本超过 30 个，重复步骤②。

④若前一次的浓度过大，建议对测样基座进行清洗，用去离子水浸泡 3~5 min 再进行测量。

⑤在每次测量完毕后，用蒸馏水清洁样品平台，这样可以保证下一次测量结果的准确性。

⑥测量完成后，点击 Report 可以查看和导出结果。点击 Export 可以 Excel 表格形式导出数据。

(**注意**：在室温下测量减少蒸发对测量的影响。)

⑦小组各成员 DNA 浓度大于 100 ng/μL 方为合格，将全组合格的浓度值拍照后，经老师检查并在小组实验进程项目考核单上签字确认。

3. DNA 样品的保存

将浓度检测合格的 DNA 样品标记清楚，按班级放入-20 ℃冰箱保存备用。

(二)目的片段的 PCR 扩增与电泳检测及酶切(第 2 次实验)

1. 目的片段的 PCR 扩增

(1)引物溶解备用

对引物 1，2，3，4 进行溶解，使终浓度为 10 μmol/L，放入 4 ℃冰箱保存。引物序列信息如下：

引物 1：5′-GCAGTAGGAAGGATGTCCTC-3′

引物 2：5′-AATGTCCACAGTCACTCGCC-3′

引物3：5′-GTGGAGATCCTGACTCCGCTG-3′

引物4：5′-CACCGACCCCCCGAAGAA-3′

(2) PCR反应体系

PCR反应体系成分见表27-4所列。

表27-4　PCR反应体系成分

试剂	体积(μL)	试剂	体积(μL)
2×PCR Master Mix	12.5	引物2(下游)	2.5
ddH_2O	5.5	模板DNA	2(1000 ng)
引物1(上游)	2.5	总体积	25

注：2×PCR Master Mix中包含Taq酶、dNTPs、$MgCl_2$、buffer缓冲液等。操作快速简便、特异性强、稳定性好，可最大限度地减少人为误差，这是改用该试剂的主要原因。

(3)PCR扩增体系

两对引物扩增体系相同：94 ℃预变性5 min，94 ℃ 变性30 s，60 ℃ 退火30 s，72 ℃延伸45 s，循环30次。最后72 ℃ 延伸7 min。共需约1.5 h。

(4)加样方法

因每个人单独加样误差较大，可以小组为单位将2×PCR Master Mix、引物及ddH_2O进行混合，分装后(取23 μL)加入2 μL样本DNA进行扩增。具体过程如下：

①计算本组所需各试剂总量：以小组5人为例，考虑到加样损失，需多加1人的量，即按照6人的量进行计算，如2×PCR Master Mix每人需12.5 μL，则6人需75 μL，其他试剂依此类推。

②混样：取两个1.5 mL离心管，分别标注"1，2"和"3，4"。取标注"1，2"的离心管，按照上一步骤计算的量加入各试剂(包括2×PCR Master Mix，引物1，2及ddH_2O)，吹打混匀，备用。标注"3，4"离心管的混样方法同上，不同之处在于取引物3，4代替引物1，2。当然，熟悉操作后两组可同时进行。

③DNA的加入：每人取2个PCR管分别加入2 μL DNA模板，注意标注区分(既要区分不同人，也要区分引物对)。

④混合液与DNA混合：取步骤2中的混合液"1，2"，每人取23 μL加入到对应的PCR管中。混合液"3，4"以同样的方法加入。混匀后，盖上盖子。若此时液体黏附到管壁上，可进行1500~2000 r/min低速离心20 s。

⑤PCR反应：按照PCR扩增体系进行扩增，获得目的片段。

2. PCR目的片段的电泳检测

①称取琼脂糖2 g放入150 mL锥形瓶中，向其中加入100 mL 1×TAE缓冲液，配制2%琼脂糖凝胶。

②加热过程需要操作者戴上线手套，防止烫伤。用一次性PE手套套住瓶口，将锥形瓶放入微波炉中加热，火力选择中火，第一次加热时间约1 min，关火取出锥形瓶，摇动混匀琼脂糖。此后每加热30 s左右关闭一次开关，观察溶解状态，要不时摇动锥形瓶，使附于瓶壁上的琼脂糖颗粒进入溶液再迅速打开开关，如此反复5~8次至凝胶变得澄清透

明，无悬浮的小气泡及凝胶颗粒。

③凝胶冷却至60 ℃左右后加入10 μL Gold View(GV核酸染料)，轻轻摇匀。

④把"U"形凝胶托盘放入制胶器中，待凝胶无气泡后倒入制胶器，再把试样格(梳子)插入凝胶托盘的两边槽内。

⑤凝胶室温冷却30 min左右，若时间紧迫，可放入4 ℃冰箱15 min，即可使用。

⑥若梳子的齿数较少，可直接轻轻拔掉梳子，注意先拔一侧。若梳子的齿数较多，则需把凝胶托盘移入电泳仪，加入1×TAE缓冲液，再慢慢垂直拔梳。缓冲液没过凝胶1~2 mm。

⑦用移液器将样品(2×PCR Master Mix含Loading buffer，若不含需另外加入)加入加样孔中，上样量根据选用梳子而定(表27-5)。

表27-5 2%琼脂糖凝胶电泳的上样情况

梳子类型	样品上样量(μL)	Marker上样量(μL)
17齿	3.5	2
34齿	2	1.5

⑧盖好上盖，连接电泳仪电源与电泳仪之间的电泳导线。注意不要接错正(红)、负(黑)极，凝胶点样孔靠近负极，检查无误后接通电泳仪电源，电压设定160 V，电流140 mA，功率30 W，电泳时间45 min。

(**注意**：若一个电泳仪连接两个电泳槽，则电压设定160 V，电流260 mA，功率43 W，电泳时间45 min。)

⑨电泳结束后，关闭电泳仪电源，随之拔除电泳导线，打开电泳仪上盖，取出凝胶托盘，把凝胶轻轻推入用于照相的凝胶托盘上准备照相。

⑩用紫外仪观察和照相。

引物1，2扩增出200 bp片段，引物3，4扩增出159 bp片段，若检测效果较好，将全组PCR扩增产物条带清晰的凝胶拍照，经老师检查并在小组实验进程项目考核单上签字后，方可进入下一步实验。

3. 酶切

酶切体系的配置见表27-6和表27-7所列，并将各物质加入无菌的200 μL PCR管中。将上述试剂加好后，轻轻颠倒混匀。然后将PCR管按组放到-20 ℃冰箱保存一周备用。

表27-6 酶切体系(一)

试剂	体积(μL)
PCR产物(引物1，2或3，4)	10
10×buffer Kpn I	2
Kpn I酶	1.5(或1、0.5)
ddH_2O	6.5
总体积	20

表27-7 酶切体系(二)

试剂	体积(μL)
PCR产物(引物3，4)	10
10×buffer Tango	2
Alu I酶	1.5(或1、0.5)
ddH_2O	6.5
总体积	20

助教完成：一周后实验前进行酶切，设定 PCR 仪运行温度恒为 37℃，将 PCR 管放入其中，温育 1~16 h(一般 2 h 即可，考虑到目的片段含量差别，为稳妥起见建议 4~6 h)。

(三)酶切片段的电泳及血型基因型分析(第 3 次实验)

1. 酶切片段的电泳检测

步骤与 PCR 目的片段的电泳检测方法一致，上样量见表 27-8。

表 27-8 2%琼脂糖凝胶电泳的上样情况

梳子类型	样品上样量(μL)	Marker 上样量(μL)
17 齿	10	2
34 齿	5	1.5

电泳结果照片经老师检查合格后签字确认。电泳结果示例如图 27-1 所示。

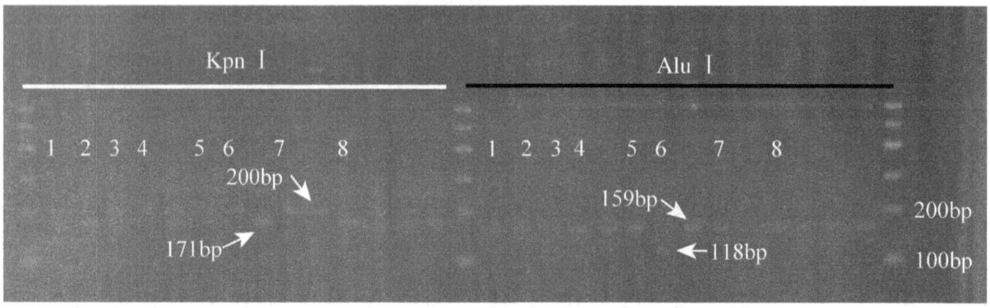

图 27-1 酶切片段的电泳情况

2. 血型基因型分析

限制性内切酶 Kpn Ⅰ 可将 i 基因 PCR 产物切出 171 bp 的片段，限制性内切酶 Alu Ⅰ 可将 I^B 基因的 PCR 产物切出 118 bp。

比较表 27-9 标准，正确判读出小组每个成员的血型基因型(表 27-10)，经老师检查合格，签字确认。完成实验操作。

表 27-9 ABO 血型基因型谱带判读标准

基因型	PCR 产物	
	Kpn Ⅰ 酶切 1，2 引物产物(bp)	Alu Ⅰ 酶切 3，4 引物产物(bp)
I^AI^A	200	159
I^Ai	200，171+28	159
I^BI^B	200	118+41
I^Bi	200，171+28	159，118+41
I^AI^B	200	159，118+41
ii	171+28	159

表 27-10　样本的血型结果

编号	Kpn I 酶切片段(bp)	Alu I 酶切片段(bp)	血型
1	200，171	159，118	Bi
2	171	159	O
3	200，171	159，118	Bi
4	200	159	AA
5	200	159	AA
6	200	118	BB
7	200	159，118	AB
8	171	159	O

附　实验设计

1. 药品配制

①10%SDS 溶液：在 900 mL 水中溶解 100 g 电泳级 SDS，加热至 68 ℃助溶，待溶液冷却后，加入几滴浓盐酸调节溶液的 pH 值至 7.2，加水定容至 1 L。

②1 mol/L Tris-HCl 缓冲液溶液：60.55 g Tris+400 mL H_2O+浓 HCl，pH 值调至 8.5，定容至 500 mL，室温保存。

③5 mol/L NaCl 溶液：称取 292.5 g NaCl，溶解于水中，稀释到 1 L。

④0.5 mol/L EDTA 溶液：称取 186.1 g $Na_2EDTA \cdot 2H_2O$ 置于 1 L 烧杯中，加入约 800 mL 的去离子水，充分搅拌。用 NaOH 调节 pH 至 8.0(pH 值至 8.0 时，EDTA 才能完全溶解)。加去离子水定容至 1 L，适量分成小份分装，高温高压灭菌，室温保存。

⑤1×PBS 溶液：取 10×PBS 溶液 15 mL，加入无菌双蒸水 135 mL 混匀即可。

⑥5 mol/L 碘化钾溶液：称取碘化钾 8.3 g，溶解于 10 mL 去离子水中，放入棕色瓶中保存。

⑦50×TAE Buffer 溶液：称量 Tris 242 g，$Na_2EDTA \cdot 2H_2O$ 37.2 g 于 1 L 烧杯中，向烧杯中加入约 800 mL 去离子水，充分搅拌均匀；加入 57.1 mL 的冰乙酸，充分溶解；加去离子水定容至 1 L 后，室温保存。

2. 实验仪器设备

移液器(1 套 4 支：0.5~20 μL、10~100 μL、20~200 μL、100~1000 μL 各 1 支)8~10 套，离心机 3~5 台，漩涡振荡器 4~6 台，烘箱 2~4 个，冰箱 2~3 台，Nanodrop2000 分光光度计 1 套，PCR 仪 2~4 台，电泳仪 1~2 台，电泳槽若干套，电热恒温水浴锅 2~4 台，紫外凝胶成像仪，各种规格离心管、枪头若干。

3. 实验项目考核单（表 27-11）

表 27-11 实验进程项目考核单

研究小组名称

小组成员：

考核项目	考核评价	研究中心验收签字
血型分子分析试验方案		
DNA 提取		
PCR 扩增目的片段		
酶切片段		
血型基因型鉴定		

注：此单与小组实验报告一起交。

综合作业题

1. 科学研究方法的基本程序是________、________、________、________和撰写论文或报告。

2. 请自行设计一个诱导某种植物不减数大花粉($n=2X$)的实验。

3. 请自行设计一个实验，研究某植物群体若干性状的遗传平衡状况。

参考文献

杨大翔，2004. 遗传学实验[M]. 北京：科学出版社.

李雅轩，赵昕，2006. 遗传学综合实验[M]. 北京：科学出版社.

张文霞，戴灼华，2007. 遗传学实验指导[M]. 北京：高等教育出版社.

张贵友，等，2003. 普通遗传学实验指导[M]. 北京：清华大学出版社.

王珍，方宣钧，2003. 植物 DNA 分离[J]. 分子植物育种，1(2)：281-288.

王金发，戚康标，何炎明，2008. 遗传学实验教程[M]. 北京：高等教育出版社.

乔守怡，2008. 遗传学分析实验教程[M]. 北京：高等教育出版社.

李懋学，1981. 植物的染色体组和组型分析[J]. 生物学通报(4)：18-21.

陈全战，杨平，2007. 4 种栽培大麦染色体组型和 C-带带型的比较分析[J]. 南京晓庄学院学报(3)：57-61，67.

张毓芳，安田昭三，1996. 栽培大麦 92 个品种的染色体 N 带带型多态性的研究[J]. 作物学报(4)：500-507，514-515.

JOSEPH SAMBROOK，DAVID W RUSSELL，2002. 分子克隆实验指南[M]. 3 版 . 北京：科学出版社.

附　录

一、常用固定液

纯乙醇(或甲醇)可固定细胞质中的蛋白质，穿透组织的速呈度快，但易引起组织变硬和收缩。而醋酸(又名乙酸，由于在 16.7 ℃以下的温度即凝固成冰状固体，故又名冰醋酸)可固定染色质，又可使细胞膨胀，所以与乙醇(或甲醇)混合使用时，它们的作用可以互补。

常用配方：

	纯乙醇(或甲醇)	3 份	冰醋酸	1 份
或	纯乙醇(或甲醇)	2 份	冰醋酸	1 份

二、常用染液

1. 铁醋酸洋红

45%的醋酸 100 mL，加入 1~2 g 洋红(carmine)煮沸，冷却后过滤。然后加入 1%~2%铁明矾水溶液 5~10 滴，或者可放入 1 个小铁钉，1 min 后取出。加入铁质有利于染色，但铁质过量，则会产生沉淀。此液可长期保存备用，常用于植物细胞染色，对花粉母细胞效果更佳。

2. 苯酚(石炭酸)品红

(1)苯酚品红(carbol fuchsin)

母液 A：3 g 碱性品红，溶于 100 mL 70%乙醇中(可长期保存)。

母液 B：母液 A 10 mL，加入 90 mL 5%苯酚水溶液。

取 45 mL 母液 B，加入 6 mL 冰醋酸和 6 mL 37%福尔马林溶液，即为苯酚品红染液。

(2)改良苯酚品红

2~10 mL 苯酚品红染液，加入 98~90 mL 45%冰醋酸和 1~1.8 g 山梨醇(山梨醇过量会出现结晶，影响制片的效果)。

此染液若放置两周，会提高染色效果。

3. 吉母萨(Giemsa)染液

0.5 g 吉母萨，加几滴甘油进行研磨。研好后，加入 33 mL 甘油，放 56~60 ℃条件下 1.5~2 h，促使其溶化。再加入 33 mL 甲醇，热过滤，保存于棕色瓶中备用，此为原液，染色时，一般以 pH=6.4~7.2 的磷酸缓冲液按要求比例稀释使用。

4. 希夫(Schiff)试剂(无色亚硫酸品红液)

碱性品红(复红)1 g，放入 200 mL 煮沸的蒸馏水中，充分溶解，冷至 50 ℃时过滤。

再加 1 mol/L 盐酸 20 mL，当溶液冷却至 20～25 ℃时，加入偏重亚硫酸钠（$Na_2S_2O_5$），或无水重亚硫酸钠（$NaHSO_6$）或无水亚硫酸钠（Na_2SO_6）1 g，然后将溶液装入磨口瓶中，密闭储存在阴暗冷凉处 12～24 h。此时液体应为淡黄色，或近似无色。若稍带红色或紫色，则不能使用，可加入 2 g 活性炭，振荡后过滤，滤液贮存在阴凉处备用。

5. 改良希夫试剂

取 0.5 g 碱性品红，加入 100 mL 沸水中，继续煮 5 min，并不断搅拌，使之溶解。冷却至 50 ℃时，过滤至棕色瓶中，加 30 mL 1 mol/L 盐酸，冷却到 25 ℃时再加偏重亚硫酸钠 3 g，塞紧瓶口，充分振荡，包上黑纸贮存于冷凉处，此液最好 2 周内用完，不宜保存。

6. 硫堇染色液

（1）硫堇（Thionin）饱和液

20 g 硫堇溶于 500 mL 50%乙醇中，待溶解后过滤。

（2）缓冲液

醋酸钠 9.714 g、巴比妥钠 14.714 g、双蒸水 500 mL，混合溶解后，即成醋酸钠缓冲液。

（3）染液配制

缓冲液 28 mL、0.1 mol/L 盐酸 32 mL、硫堇饱和液 40 mL 混合，调 pH＝5.7，于 4℃冰箱保存备用。

7. 0.2%甲苯胺蓝染色液

甲苯胺蓝（Toluidine blue）0.2 g，加少许丙酮溶解后，以双蒸水定容至 100 mL。

8. 0.005%氮芥喹吖因（QM）

氮芥喹吖因 5 mg，macllvaine's 100 mL 混合。

三、试剂和溶液

1. 磷酸缓冲液

（1）磷酸氢二钠-磷酸二氢钾缓冲液（1/15 mol/L）（附表 1）

1/15 mol/L 磷酸氢二钠溶液：磷酸氢二钠（Na_2HPO_4）9.465 g（或 $Na_2HPO_3 \cdot 2H_2O$ 11.876 g）定容至 1000 mL 蒸馏水中。

1/15 mol/L-磷酸二氢钾溶液：磷酸二氢钾（KH_2PO_4）9.078 g，定容从 1000 mL 蒸馏水中。

附表 1 Na_2HPO_4-KH_2PO_4 缓冲液

pH	1/15 mol/L 磷酸氢二钠（mL）	1/15 mol/L-磷酸二氢钾（mL）
6.24	20.0	80.0
6.47	30.0	70.0
6.64	40.0	60.0
6.80	49.0	51.0
6.98	60.0	40.0
7.20	72.6	27.4
7.38	80.0	20.0

(2)磷酸氢二钠-磷酸二氢钠缓冲液(0.2 mol/L)(附表2)

0.2 mol/L 磷酸氢二钠溶液：磷酸氢二钠($Na_2HPO_4 \cdot 2H_2O$)35.61 g(或 $Na_2HPO_4 \cdot 12H_2O$ 17.64 g)定容至1000 mL蒸馏水中。

1.2 mol/L 磷酸二氢钠溶液：磷酸二氢钠($NaH_2PO_4 \cdot H_2O$)27.6 g(或 $NaH_2PO_4 \cdot 2H_2O$ 37.21 g)定容至1000 mL或蒸馏水中。

附表2　Na_2HPO_4-NaH_2PO_4 缓冲液

pH	0.2 mol/L 磷酸氢二钠(mL)	0.2 mol/L 磷酸二氢钠(mL)
6.3	22.5	77.5
6.4	26.5	73.5
6.5	31.5	68.5
6.6	37.5	62.5
6.7	43.5	56.5
6.8	49.0	51.5
6.9	55.0	45.0
7.0	61.0	39.0
7.1	67.0	33.0
7.2	72.0	28.0
7.3	77.0	23.0
7.4	81.0	19.0
7.5	84.0	16.0

注：若需一定pH值0.1 mol/L磷酸缓冲液，则按表中比例混合稀释1倍即可。

2. Macllvaine 缓冲液(pH=6)

A液：0.1 mol/L 柠檬酸溶液。柠檬酸($C_6H_5O_7 \cdot H_2O$)21 g，蒸馏水10 000 mL溶解。

B液：0.2 mol/L 磷酸氢二钠溶液。磷酸氢二钠($Na_2HPO_4 \cdot 12H_2O$)71.6 g，蒸馏水1000 mL溶解。

pH=6的缓冲液：A液73.7 mL，B液126.3 mL混合(以200 mL计)。

3. 20×SSC 母液的配制

88.2 g柠檬酸三钠 $Na_3C_6H_5O_7 \cdot 2H_2O$ 和175.3 g氯化钠NaCl，分别溶解混合定容至1000 mL，贮存备用。用时以1∶9的比例用蒸馏水稀释成2×SSC溶液，现配现用。

4. 低渗液(0.075 mol/L KCl)

氯化钾5.6 g，加蒸馏水定容至1000 mL。

5. 0.002 mol/8-羟基喹啉

8-羟基喹啉0.29 g，加蒸馏水100 mL溶解备用。

6. 3%酶液

果胶酶(pectolase)3.0 g，纤维素酶(cellulase)3.0 g，加蒸馏水或缓冲液98 mL溶解。

7. 0.1%秋水仙碱溶液

秋水仙碱0.1 g，加蒸馏水100 mL溶解，待完全溶解后将棕色瓶再用黑纸包装起来，于 4 ℃冰箱保存备用。

8. 1%、5%和饱和氢氧化钡溶液

氢氧化钡 1 g、5 g、15 g，分别加蒸馏水 100 mL，不停搅拌 30 min 后过滤，现配现用。

9. 常用的不同当量盐酸的配制(附表 3)

附表 3 不同当量盐酸的配制

所需当量盐酸(mol/L)	浓盐酸用量(mL)		蒸馏水(mL)
	比重 1.19	比重 1.16	
0.1	6.25	9.83	1000
0.2	16.25	19.66	1000
⋮	82.15	98.30	1000

10. 乙醇稀释方法(附表 4)

附表 4 不同乙醇浓度稀释方法

所需浓度(%)	应加蒸馏水量(mL)=原有浓度(95%)-所需浓度	应加 95%乙醇(mL)
90	95-90=5	90
80	95-80=15	80
70	95-70=25	70
50	95-50=45	50
30	95-30=65	30

四、培养基

1. 果蝇培养基(1000 mL)

配方：玉米粉 70 g、白糖 75 g、琼脂 7 g、苯甲酸(15%)、2 mL、正丙酸 2 mL、酵母粉 20 g。

配制方法：先将玉米粉、白糖、琼脂与水混合煮沸 2~3 min，稍凉后加入苯甲酸及正丙酸，然后加入酵母粉搅拌均匀，即可分装入经干热灭菌的培养瓶(烘箱温度达到 160 ℃即可切断电源，令其自行冷却)。培养基厚度以 2~3 cm 为宜，然而插入一灭过菌的滤纸片，塞上包纱布的棉塞，静置使培养基冷却凝固即可。

15%苯甲酸需以 95%乙醇配制，它与正丙酸均为防腐剂。

2. 链孢霉杂交实验培养基

(1)基本培养基配方(供保存野生型型菌种用)

蔗糖($C_{12}H_{22}O_{11}$) 10 g、氯化钙($CaCl_2$) 0.1 g、氯化钠(NaCl)0.1 g、硝酸铵(NH_4NO_3) 1 g、酒石酸铵 $NH_4OOC(CHOH_2)COONH_4$ 5 g、硫酸镁($MgSO_4 \cdot 7H_2O$) 0.5 g、磷酸二氢钾(KH_2PO_4)1 g、生物素 4 μg、微量元素 1 mL、琼脂 2%，加蒸馏水至 1000 mL，调 pH = 5.5~6.5，高压灭菌(1 kg/cm^2，20 min)。

微量元素溶液配方如下：

硼砂($Na_2H_4O_7\cdot10H_2O$)88 mg、硫酸铜($CuSO_4\cdot5H_2O$)393 mg、硫酸铁($FeSO_4\cdot6H_2O$)920 mg、硫酸锌($ZnSO_4\cdot7H_2O$)8807 mg，加蒸馏水至1000 mL。

(2)完全培养基

基本培养基1000 mL、酵母膏5 g、麦芽糖(也可不加)5 g、酶解酪素1 g、维生素混合液硫胺素10 mg、核黄素5 mg、吡哆醇5 mg、泛酸钙50 mg、对-氨基苯甲酸5 mg、烟酰胺5 mg、胆碱100 mg、肌醇100 mg、叶酸1 mg、蒸馏水1000 mL、蔗糖20 g(为获得大量分生孢子，可用1%的甘油代替蔗糖)。

如完全培养基加2%琼脂，即为完全固体培养基。

(3)补充培养基

在基本培养基中，补加一种或几种生长物质，如氨基酸、核酸、维生素等，可供营养缺陷型生长。例如，赖氨酸缺陷型所需要的补充培养基，是在100 mL基本培养基中，补加1~2 mg赖氨酸。

(4)马铃薯培养基

20%马铃薯汁配制：200 g马铃薯加水1000 mL，80 ℃浸泡1 h，用纱布过滤后，补加水使滤液总量达1000 mL，高压灭菌(1 kg/cm^2，20 min)后备用。

(**注意**：马铃薯去皮切片后，应立即放于水中，在空气中易氧化变黑。)

马铃薯培养基：20%马铃薯汁100 mL加蔗糖2 g、琼脂2 g、高压灭菌(1 kg/cm^2，20 min)后冷却，即制成马铃薯培养基。

在此种培养基上，野生型和缺陷型均能生长(在实际保种时，为使缺陷型生长得更好，常补加一些生长物质)。

(5)玉米培养基(专供链孢霉互杂交用)

每支试管放入浸泡24 h的玉米粒2~3个，并分装融化的2%琼脂2~3 mL，再放入一片经多次折叠的滤纸(长3~4 cm)，高压灭菌后即可使用。

3. 人外周血培养基

RPMl 1640溶液4 mL、小牛血清1 mL、双抗(10 000国际单位/mL)培养液中终浓度100国际单位/mL。

PHA(2 mg/mL)终浓度100 μg/mL(用盐水浸提法制备的PHA溶液，每5 mL培养中6#针头加25滴)；

肝素6#针头1~2滴；

用5%碳酸钠调节pH=7.2~7.4。

培养液各种成分的配制方法如下：

(1)RPMI 1640溶液

RPMI 1640溶液粉剂10.5 g，溶于1000 mL的双蒸水中，如溶解困难，可通入二氧化碳，待完全溶解后，溶液呈透明橘红色。由于高温下此培养液易变质，所以一般采用滤菌器(G_3或G_6)过滤除菌。除菌后，分装保存于冰箱中。

(2)植物血凝集PHA

市售的每支安瓶为10 mL，溶于5 mL无菌生理盐水中，即成浓度为2 mg/mL溶液。

若市售成品效果不佳，可按下面介绍的方法自制。

从菜豆类提取的植物血凝集，简称 PHA。1955 年，Osgood 等用它来分离白细胞。1960 年，Nowell 发现它具有刺激白细胞分裂的作用，此后这一副作用比最初的用途要用得多。

淋巴细胞是不活跃的细胞，它的细胞质很少，RNA、蛋白质的合成速率也很慢，以致它很难进行分裂，当 PHA 存在时，淋巴细胞才能进行有丝分裂。

据了解，PHA 是由黏多糖和蛋白质组成的，而起刺激分裂作用的成分可能是黏多糖。

①盐水浸提法：选用云南白色菜豆，洗净烘干，磨成粉末，称取 20 g 浸入 100 mL 生理盐水中，在 4 ℃冰箱中放置 72 h(间隔一定时间摇动一下)，取出后低温(可在冬季制备)4000 r/min 离心 30 min。取上清用生理盐水 1 : 10 稀释，然后经 G_6 玻璃砂芯滤菌器过滤除菌。无菌条件下分装，在低温冰箱内(或普通冰箱结冰器内)可保存一年。若经冰冻干燥成粉末，其保存期相应延长。

②乙醇乙醚提取法：豆粉 100 g，加 120 mL 生理盐水。置 0 ℃条件下 24 h，再添加 280 mL 生理盐水后，继续在 0 ℃放置 24 h。取出豆粉浸泡液于 4 ℃(或在冬季室温下进行)4000 r/min 离心 30 min，得到上层乳白色液体，用 2 mol/L 盐酸调节 pH 至 5.6，在每 100 mL 上层液中加入-4 ℃乙醇 40 mL，搅拌后 2000~2500 r/min 离心 20 min，得到黄色沉淀(1)。取上清在每 100 mL 再加-4 ℃含 10%乙醚的纯乙醇 170 mL，以同样速度离心得沉淀(2)。将沉淀(1)和(2)分别放入烧杯中，在含硅胶或五氧化二磷的真空干燥器中抽气 2~4 d，当沉淀变干，将其研磨成粉末保存。用时按需要配成溶液，经滤菌器除菌后即可使用。

(3)肝素

注射用的针剂肝素，每支含 12 500 国际单位，用无菌生理盐水稀释 25 倍，即浓度为 500 国际单位/mL。高压灭菌后，置于 4 ℃冰箱中保存。

若为粉剂肝素，可按 4 mg/mL 的浓度配制。由于每毫克含 125 国际单位，所以浓度也是 500 国际单位/mL。

(4)双抗溶液

40 万国际单位氨苄青霉素 1 支，加 4 mg 无菌生理盐水，即可配成 10 万国际单位/mL 的溶液。

100 万国际单位链霉素 1 瓶，加 5 mL 无菌生理盐水，即配成 20 万国际单位/mL 的溶液。

从上述青霉素溶液中取 1 mL，链霉素溶液中取 0.5 mL，混合后，补加 8.5 mL 无菌生理盐水，即配成双抗溶液，浓度为 1 万国际单位/mL。

(5)秋水仙碱溶液

5 mg 秋水仙碱，溶于 100 mL 生理盐水中，即成 50 μg/mL 的原液，根据需要再做 10 倍或 100 倍稀释。小瓶分装后可高压灭菌(也可不灭菌)。然后置于 4 ℃冰箱保存，可保存半年。

4. 细菌实验的培养基

(1)LB 液体培养基(1000 mL)

蛋白胨 10 g、酵母浸出汁 5 g、氯化钠 10 g、加蒸馏水或自来水至 1000 mL，pH=7.5。

加倍 LB 培养液(2E)。上述培养液所含成分 2 倍即可。

(2)LB 固体培养基

1000 mL LB 液体培养基中加 20 g 琼脂(20%)。活化用。

(3)LB 半固体培养基

1000 mL LB 液体培养基中加 8~10 g 琼脂(0.8%~1%)。保存菌种于 4 ℃。

(4)LB 软固体培养基

1000 mL LB 液体培养基中加 3 g 琼脂(0.3%)。

以上几种培养基均需高压灭菌(1 kg/cm^2，20 min)。

(5)基本培养基

10×A 缓冲液 100 mL、20% 糖 20 mL、VB_1(硫胺素)(1 mg/mL)4 mL、硫酸镁($MgSO_4 \cdot 7H_2O$)(0.25mol/L)4 mL、水 880 mL。需氨基酸时，加氨基酸(10 mg/mL)4 mL，需抗生素时，加链霉素(50 mg/mL)4 mL、利福平(25 mg/mL)4 mL、卡那霉素(5 mg/mL)4 mL。

除抗生素在使用前可用无菌水配制，不必高压灭菌外，其余各种成分均应分别灭菌(糖、维生素 0.6 kg/cm^2，20 min；其他成分 1 kg/cm^2，20 min)。若配固体培养基时，则将上述组分中的水换成 2%的水琼脂 880 mL。

①10×(10 倍)A 缓冲液(1000 mL)：磷酸氢二钾(K_2HPO_4)105 g、硫酸铵[$(NH_4)_2SO_4$]10 g、磷酸二氢钾(KH_2PO_4)45 g、柠檬酸钠($Na_3C_6H_5O_7 \cdot 2H_2O$)10 g，加蒸馏水至 1000 mL，pH=7.0。

②1×A 缓冲液：将缓冲液稀释 10 倍即可。

(6)伊红美蓝(EMB)培养基

乳糖 10 g，蛋白胨 8 g，氯化钠 5 g，磷酸二氢钾 2 g，伊红 Y(EosinY，曙红 Y)0.4 g，美蓝(Methylene blue，亚甲蓝)，0.065 g，琼脂 20 g，加蒸馏水至 1000 mL。pH=7.2(在加伊红 Y 和美蓝前测)，高压灭菌(0.6 kg/cm^2，15 min)。

(7)10×最低盐溶液

磷酸氢二钾(K_2HPO_4) 140 g($KHPO_4 \cdot 3H_3O$ 183.4 g)，磷酸二氢钾(KH_2PO_4) 60 g，硫酸铵[$(NH_4)_2SO_4$] 20 g，柠檬酸钠($Na_3C_6H_5O_7 \cdot 2H_2O$) 10 g，硫酸镁($MgSO_4 \cdot 7H_2O$) 2 g，加蒸馏水至 1000 mL，注意依次溶解。

(8)10×最低盐溶液固体培养基

10×最低盐溶液 1000 mL，琼脂 20 g，高压灭菌(1 kg/cm^2，20 min)。

(9)10×最低盐溶液+色氨酸+胸腺嘧啶

10×最低盐溶液 100 mL，L-色氨酸(trp)2.5 mL，葡萄糖 0.25 g，胸腺嘧啶 10 mL，高压灭菌(0.6 kg/cm^2，15 min)。

5. 植物营养体及花药组织培养的培养基

(1)MS 培养基(附表 5)

附表 5　MS 培养基

化合物	用量(mg/L)	化合物	用量(mg/L)	化合物	用量(mg/L)
氯化钙 $CaCl_2 \cdot 2H_2O$	440	硫酸锌 $ZnSO_4 \cdot 7H_2O$	8.6	盐酸硫胺素	0.4
硝酸钾 KNO_3	1900	硼酸 H_3NO_3	6.2	盐酸吡哆素	0.5
硫酸镁 $MgSO_4 \cdot 7H_2O$	370	碘化钾 KI	0.83	烟酸	0.5
硝酸铵 NH_4NO_3	1650	钼酸钠 $Na_2MoO_4 \cdot 2H_2O$	0.25	肌醇	100
磷酸二氢钾 KH_2PO_4	170	硫酸铜 $CuSO_4 \cdot 5H_2O$	0.025	蔗糖	30 000
铁盐*		氯化钴 $CoCl_2 \cdot 6H_2O$	0.025	琼脂	10 000
硫酸锰 $MnSO_4 \cdot 4H_2O$	22.3	甘氨酸	2	pH	5.8

铁盐：7.54 g 乙二胺四乙酸二钠($Na_2EDTA \cdot 2H_2O$)和 5.57 g 硫酸亚铁($FeSO_4 \cdot 7H_2O$)溶于 1 L 蒸馏水。每升培养基取铁盐溶液 5 mL。

(2)Nitsch(H)培养基和小苗健壮培养基(T)(附表 6)

附表 6　H 培养基

化合物	H(mL/g)	T(mL/g)	化合物	H(mL/g)	T(mL/g)
硝酸钾 KNO_3	950	1900	铁盐(同 MS 培养基)		
硝酸铵 HN_4NO_3	720	1650	肌醇	100	
硫酸镁 $MgSO_4 \cdot 7H_2O$	185	370	烟酸	5	
磷酸二氢钾 KH_2PO_4	68	170	甘氨酸	2	
氯化钙 $CaCl_2 \cdot 2H_2O$	166	440	盐酸硫胺素(V_{B_1})	0.5	
硫酸锰 $MnSO_4 \cdot 4H_2O$	25	25	叶酸	0.5	
硫酸锌 $ZnSO_4 \cdot 7H_2O$	10	-	盐酸吡哆醇(V_{B_6})	0.5	
硼酸 H_3BO_3	10	10	生物素(维生素 H)	0.05	
碘化钾 KI			蔗糖	2000	10 000
钼酸钠 $Na_2MoO_4 \cdot 2H_2O$	0.25	0.25	琼脂	8000	8000
硫酸铜 $CuSO_4 \cdot 5H_2O$	0.025	0.025	pH	5.5	6.0

(3)烟基 1 号培养基(附表 7)

附表 7　烟基 1 号培养基

化合物	烟基 1 号(mg/L)	化合物	烟基 1 号(mg/L)
硝酸钾 KNO_3	950	铁盐	同 H 培养基
硝酸铵 NH_4NO_3	720	马铃薯汁*	200 000~300 000
硫酸镁 $MgSO_4 \cdot 7H_2O$	185	活性炭	10 000
磷酸二氢钾　KH_2PO_4	68	蔗糖	30 000
氯化钙 $CaCl_2 \cdot 2H_2O$		琼脂	6000~10 000

马铃薯汁的配制：马铃薯洗净去皮并切块，称取 200~300 g(按 20%~30%的用量)，

加适量蒸馏水煮 20~30 min，冷却后过滤，然后加入培养基中，用量采用 30%(或将马铃薯拧碎后，连同汁液一起加入培养基中，用量 20%)，再按要求加入蔗糖、琼脂和其他生物激素最后调节 pH=5.8。

(4) W_{14} 培养基(附表 8)

附表 8 W_{14} 培养基

化合物	用量(mg/L)	化合物	用量(mg/L)	化合物	用量(mg/L)
氯化钙 $CaCl_2 \cdot 2H_2O$	140	硫酸锌 $ZnSO_4 \cdot 7H_2O$	3.0	盐酸硫胺素	2.0
硝酸钾 KNO_3	2000	硼酸 H_3BO_3	3.0	盐酸吡哆素	0.5
硫酸镁 $MgSO_4 \cdot 7H_2O$	200	碘化钾 KI	0.5	烟酸	0.5
硝酸钾 K_2NO_4	700	钼酸钠 $Na_2MoO_4 \cdot 2H_2O$	0.005	肌醇	100
磷酸二氢钾 KH_2PO_4	380	硫酸铜 $CuSO_4 \cdot 5H_2O$	0.025	蔗糖	90 000
铁盐(同 MS 培养基)		氯化钴 $CoCl_2 \cdot 6H_2O$	0.025	琼脂	50 000
硫酸锰 $MnSO_4 \cdot H_2O$	8.0	甘氨酸	2	pH5.8	

(5) N_6 培养基(附表 9)

附表 9 N_6 培养基

化合物	用量(mg/L)	化合物	用量(mg/L)	化合物	用量(mg/L)
氯化钙 $CaCl_2 \cdot 2H_2O$	166	硫酸锰 $MnSO_4 \cdot H_2O$	4.4	盐酸硫胺素	1.0
硝酸钾 KNO_3	2830	硫酸锌 $ZnSO_4 \cdot 7H_2O$	1.5	盐酸吡哆素	0.5
硫酸镁 $MgSO_4 \cdot 7H_2O$	185	硼酸 H_3BO_3	1.6	甘氨酸	2.0
硫酸铵 $(NH_4)_2SO_4$	463	碘化钾 KI	0.8	蔗糖	50 000
磷酸二氢钾 KH_2PO_4	400	烟酸	0.5	琼脂	10 000

以上培养基均需高压灭菌(1 kg/cm^2，20 min)。

6. 植物组织培养的培养基成分分析

植物组织培养要获得成功，有两个主要的因素：一个是材料来源，另一个是培养基。不同的植物要求不同的培养基，适于诱导愈伤组织的培养基不一定适宜器官分化，适于液体培养的培养基不一定适于固体培养。因此，对于初学植物组织培养的人来说，首先应对培养基的性质有所了解，在进行大量试验工作前对不同的培养基进行分析、比较、选择，才能找出一个符合试验材料需要的培养基，以保证试验工作的顺利进行。

大多植物组织培养中所用的培养基均包括无机营养物、碳源、有机附加物、维生素、生长调节物质五类物质

(1) 无机营养物

包括一系列无机盐。根据用量大小，又分成大量无素和微量无素。大量无素中，氮源往往是硝态氮或铵态氮所提供，磷和硫常用硫酸盐和磷酸盐来提供，钾是主要的阳离子。近来，培养基中钾的水平有提高的趋势；而钙、钠、镁的含量则需要较少，所需的钠和氯化物由钙盐、磷酸盐和微量元素提供。

微量无素包括硼(B)、碘(I)、锰(Mn)、锌(Zn)、钼(Mo)、铜(Gu)、钴(Co)和铁

(Fe)。铁离子的供应，现大多数以螯铁的形式提供，即以硫酸亚铁($FeSO_4$)与螯合剂乙二胺四乙酸二钠(Na_2 EDTA)的混合。

大量元素配制时，为简化手续，一般配成10倍浓缩液(母液)，配制时按配方依次溶解。但氯化钙可最后溶解，以免产生磷酸钙沉淀。使用时，每1000 mL培养基吸取100 mL母液即可。

微量元素配制时，一般配成100倍或1000倍的混合母液，每配1 L培养基吸取10 mL或1 mL母液即可。

铁盐要单独配制，称取硫酸亚铁($FeSO_4 \cdot 7H_2O$)5.57 g和乙二胺四乙酸二钠(Na_2 EDTA)7.45 g定容于1000 mL的容量瓶中。使用时，每配1000 mL培养液，吸取5 mL液体即可。

(2)碳源

在组织培养中，细胞、组织的光合作用能力较强，因而有必要在培养基中补充一些碳源。蔗糖是最好碳源。蔗糖除作为碳源和能源外，对维持培养基的渗透压，也起重要的作用。

(3)有机附加物

维生素类：主要是B族维生素，如维生素B_1(盐酸硫胺素)、维生素B_6(盐酸吡哆醇)、生物素(维生素H)、泛酸、肌醇等。

氨基酸和酰胺类：包括醇母提取液、麦芽糖、果汁、胚乳汁等。

这些有机附加物易长霉菌，不宜长期保存(一般在4 ℃冰箱内可保存4周左右)。一般采取分别称量，分别配制母液的办法。通常可按配50倍量称取各类有机物，定容于50 mL容量瓶中(1 mg/mL)，每配1000 mL培养基分别吸取1 mL母液即可。

(4)生长调节物质

这是一类用量很低(0.01～10 mg/L)，但是与愈伤组织的诱导和器官的分化有密切关系。

①植物生长素：

吲哚乙酸(Indole-3-acetic acid，IAA)：天然植物生长素，也可由人工合成。见光易分解且不耐高热(120 ℃)。在冰箱中置于棕色瓶中保存。

萘乙酸(α-naphthyl acetate，NAA)　人工合成的生长素，较稳定且耐高热，但也应保存在冰箱中。

2,4-二氯苯氧乙酸(2,4-D)：人工合成的生长素，稳定、耐高热。

以上几种生长素配制时，先需用0.1 mol/L氢氧化钠或95%的乙醇溶解，再加水至要求的浓度。

②细胞分裂素：

玉米素(zeation，ZT)：一种强烈的天然细胞分裂素，稳定、耐高热，但仍需存于冰箱中。

6-苄基嘌呤(6-benzylaminopurine，6-BA或6BAP)：人工合成的细胞分裂素，稳定、耐高热，但仍需保存在冰箱中。

激动素(kinetin，KT)：人工合成的细胞分裂素，稳定、耐高热，但见光易分解，放冰箱中保存在棕色小瓶中。

配制以上几种细胞分裂素时，先用少量 0.5~1 mol/L 的盐酸溶解后，再加水至所需的浓度。

③赤霉素(gibberellin，常用的一类简称 GA_3)：广泛分布于植物界的一类植物激素，不耐高热，溶于甲醇、乙醇和碳酸氢钠溶液。所配制的溶液保存于冰箱中。

在各种培养基配方中，这些生长调节物质的用量是很小的，所以母液不必多配。一般可称取 25~50 mg，定容于 50 mg 的容量瓶中，用时按所需量吸取。

五、数学用表(χ^2 值表)

df	*P*=0.99	0.98	0.95	0.90	0.80	0.70
1	0.000157	0.000628	0.00393	0.0158	0.0642	0.148
2	0.0201	0.0404	0.103	0.211	0.446	0.713
3	0.115	0.185	0.352	0.584	1.005	1.424
4	0.297	0.429	0.711	1.064	1.649	2.195
5	0.554	0.752	1.145	1.610	2.343	3.000
6	0.876	1.134	1.635	2.264	3.070	3.828
7	1.239	1.564	2.167	2.833	3.822	4.671
8	1.646	2.032	2.733	3.490	4.504	5.527
9	2.088	2.052	3.325	4.168	5.380	6.393
10	2.558	3.059	3.940	4.865	6.179	7.262

df	*P*=0.50	0.30	0.20	0.10	0.05	0.02	0.01
1	0.455	1.074	1.642	2.706	3.841	5.412	6.635
2	1.386	2.408	3.219	4.605	5.991	7.824	9.210
3	2.366	3.665	4.642	6.251	7.815	9.837	11.341
4	3.375	4.878	5.989	7.779	9.488	11.668	13.277
5	4.351	6.064	7.298	9.236	11.070	13.388	15.086
6	5.348	7.231	8.558	10.645	12.592	15.033	16.812
7	6.346	8.558	9.803	12.017	14.067	16.622	18.475
8	7.344	9.803	11.030	13.362	15.507	18.168	20.090
9	8.343	10.656	12.242	14.864	16.919	19.679	21.666
10	9.342	11.781	13.442	15.987	18.307	21.161	23.209

注：*df* 为自由度；*P* 为概率。